趣家

养成记·布局

从功能到日常

刘书辰　著

U0176310

江苏凤凰科学技术出版社·南京

图书在版编目（CIP）数据

趣家养成记 ：布局 ：从功能到日常 / 刘书辰著
. — 南京 ：江苏凤凰科学技术出版社，2023.5
ISBN 978-7-5713-3508-3

Ⅰ．①趣… Ⅱ．①刘… Ⅲ．①住宅－室内装饰设计
Ⅳ．①TU241

中国国家版本馆CIP数据核字(2023)第061547号

趣家养成记·布局　从功能到日常

著　　　者	刘书辰
项 目 策 划	凤凰空间/徐　磊　褚雅玲
责 任 编 辑	赵　研　刘屹立
特 约 编 辑	徐　磊　褚雅玲

出 版 发 行	江苏凤凰科学技术出版社
出版社地址	南京市湖南路1号A楼，邮编：210009
出版社网址	http://www.pspress.cn
总 经 销	天津凤凰空间文化传媒有限公司
总经销网址	http://www.ifengspace.cn
印　　　刷	雅迪云印（天津）科技有限公司

开　　　本	710 mm×1 000 mm　1 / 16
印　　　张	16
字　　　数	100 000
版　　　次	2023年5月第1版
印　　　次	2023年5月第1次印刷

标 准 书 号	ISBN 978-7-5713-3508-3
定　　　价	88.00元

图书如有印装质量问题，可随时向销售部调换（电话：022-87893668）。

家，需要实用，但不能缺少情趣。

以日常为视角，来看看普通人的趣味生活。

写在/前面

PREFACE

◎ 感谢

感谢在我的生活和职业生涯中遇到过的每个小家庭，他们无私地向我分享了生活中的点滴诀窍和智慧，让我拥有了更多还没到达那个年龄阶段就可以拥有的治家经验，从而得以总结成书，分享给大家。对我来说，他们都是值得我投入时间和感情的亲密朋友！

感谢我的父母，让我继承了能认真听别人讲话的良好基因。

感谢自己，有些许"利他"情怀，让我有足够的耐心和真心做一些对别人有用的事情。

同时更要感谢可爱的读者朋友们选择阅读这本书。

◎ 自荐

朋友你好，我是书辰！

工作上，在过去的 14 年里，我是一名职业室内设计师，也是多家设计公司或工作室的家居顾问。可能未来还会有一些与家居、生活和设计相关的职业称呼，重心都是围绕"家"。

生活上，我是理想生活的践行者和深度观察员，喜欢尝试不同的生活方式，接触有趣的人，看有趣的人的家里是什么样子的，更喜欢倾听他们那些保持快乐的生活小窍门……

学习上，至今我还与之前很多客户朋友们保持紧密的联系和互动。刚认识时，大家处在不同的人生阶段，如今，他们有的从结婚到生娃，有的从三口之家变为四口之家，甚至有的从叱咤风云到退休在家。家里的人口发生了变化，生活习惯和需求会跟着发生变化，家居设计就需要不断调整。我有幸见证和参与了他们从一个人生阶段过渡到另一个人生阶段以及家的演变过程，从他们身上我汲取到很多持家之道和生活经验，现在总结分享给有需要的人，希望为大家提供一些启示。

因此，**我更是一名美好生活的旁观者和学习者，愿意去发现和记录！**

这是一本怎样的书？

合集类绘本

故事

本书收录了 50 个典型家装案例。50 个普通家庭，平凡却不普通，他们的家各自不同，各有各的闪光之处。正是这些小的闪光点，凝结了他们质朴而有趣、独到而灵动的生活大智慧。

在书中，你可以看到他们是如何玩转家居生活的，为波澜不惊的日子增添一些小惊喜和小情调；你还可以看到，他们如何为以后可能出现的变化而未雨绸缪，当变化到来时从容应对；你更可以看到，他们的家里是如何高效利用有人认为不实用的空间，并由此打造舒适感的。

这些家庭的生活经验和小窍门在书中也会有所透露，没准你能找到共鸣！

干货

本书以布局为切入点，带大家走进 50 个有趣家庭的日常生活。全书按功能空间划分，即玄关、客厅、餐厅、厨房、卧室、儿童房、书房、卫生间、家政间等，分门别类地进行讲解，系统又完整！

每个功能空间的设计采用合集方式，列举了市面上常见户型的各种解决办法，小户型、大户型等均有所涉及。虽不一定面面俱到，但具有普遍性和典型性，以及可借鉴性。

最后两章列举了家里一些"角落空间"和"可变空间"的设计思路，把家变成有趣的家，帮你打开全新的设计思路。

方式方法

本书旨在传播和分享"趣家养成"的理念，每个功能空间都提供多种设计和改造思路，在把家装得实用的同时，通过不一样的布局，让家多一些趣味性，也让一家人的生活变得丰富多样。

本系列后续图书会继续丰富并更新一些实用、有趣的方式方法，希望大家持续关注。

场景展示

通过 330 多张图片，着眼布局，以场景插图展示居家日常，并进行全彩图解，提供详细尺寸，清晰易读。

既可以说它是一本工具书，设计思路可以直接拿来套用，同时它也是一本有故事情节的家居生活参考图鉴。

思路解析

本书在教会大家方式方法的同时，也会分析为什么要这么做，以及这样做对当下和未来生活有什么益处。可谓有出处、有思路，还有解决办法。

◎思考

回到本书的内容上，想问问大家，你们心目中理想的家是什么样子的？

通过线上和线下的调研，我发现有这么几个关键词经常被大家提到：极简风、森系风、INS风、奶油风、侘寂风、复古风、杂志风、电影氛围感、高级感、治愈系……要么就是一些短语，比如既实用又美观、温馨舒适、收纳空间大、好打理卫生、健康环保……

以上这些形容理想住宅的词语或短语，大多是从风格或功能的角度出发的。那么，你是不是也首先想到以上这些词语呢？你会有更详细、更具体的想法吗？你对于理想家的构想是短期的还是有长远的打算呢？

最后一个问题，你会花尽可能多的时间和精力去"折腾"、打理你的家，直到它达到你心目中理想的最佳样子吗？

带着这些问题阅读本书，也许对你更有意义。

◎初心

"授人以鱼，不如授人以渔。"

本书的主旨"布局巧设计，让家更有趣"，足以说明本书要表达的重心了。那么怎么解释"有趣"这个词呢？

我们常常用有趣来形容一个人，比如"有趣的灵魂"。我想说的是，有趣的人的房间里就住着他有趣的灵魂，那他的房间也必定有趣！

"趣"就是不无聊，是好玩儿，是情趣，是愉悦，是久待不腻，是耐人寻味，更是一种生活智慧。

不管你家是什么风格，也不管你家在别人眼里实不实用，更不管你家装修选材精不精良，只要它是能让你和家人愉悦的，这个家就是有趣的，就是能增强"幸福感"的家。

把家装得"漂亮"很容易，装得"实用"也不难，但是把家装得"有趣"却不是件简单的事情。

"有趣"对于有些人来说可能不是家的"必需品"，但它是"调味剂"，能在按部就班、一成不变的生活里，时不时点燃你的热情，能让你和你的家人在"一地鸡毛"的琐碎里，依然可以保持岁月静好的心态。

家缺少了趣味性，就好比一盘没有任何调味品的菜肴，食之无味。

我相信，每个家庭都具备把家变得有趣的能力，有时只是缺少方式方法和启发建议。这也是我写这本书的初衷，就是希望为这些家庭提供启发，提供思路，引发想象。

可能我所说的"有趣"，和你认为的"有趣"并不相同。没关系，我很希望能听听大家不同的观点和意见。本书绝不是在发表权威理念，而是以一些已被时间检验过的好设计和好思路来抛砖引玉，希望收获更多读者和生活家们对于有趣生活的想法和看法。也欢迎大家能参与进来，与我分享你理想中的有趣，我们一同分析可行性，并找出更优质的解决办法。

真心希望我的"趣家"理念能够走进每个中国家庭的日常生活，不是只有装修房子时才会去想、去做，而是把这种理念变为日常生活的必需品。哪怕只是调换家具的位置，也可以带来些许改变；哪怕只是增添一些有趣的小物件也行，不为别的，只为调剂你的生活，愉悦你的心情，让这种理念成为能给你和家人带去幸福感的一种办法。

◎分享

"趣家养成"的第一步，就是布局。

本书以布局为切入点，带大家走入 50 个有趣家庭的居家日常生活，按照各个功能空间（即玄关、客厅、餐厅、厨房、卧室、儿童房、书房、卫生间、家政间等）分门别类、逐一讲解。每个功能空间采用合集的方式，列举了市面上常见户型的各种解决办法，"老破小"、小户型、大户型以及独户均有所涉及，虽不一定面面俱到，但相信具有高度普适性和典型性，更有较强的可操作性。

个人认为，本书最有趣的部分是最后两章，因为列举了一些家里"角落空间"和"可变空间"的设计思路。

一方面，房子再大，我们喜欢待的还是那些角落，而家里经常在不经意间打动我们的，也往往是角落里那美好的一瞬。它可以是慵懒的、舒适的，也可以是浪漫的、治愈的，它完完全全只属于你，是最容易让人赏心悦目的地方，也是我们可以无限发挥想象力的地方。把这些角落利用好，就会给我们的家居生活带来更多乐趣。

角落空间的设计很重要，希望大家把家的每个空间甚至是每个角落都高效利用起来，不要无效的空间，要让家里的每个地方都能很好地服务于人、方便于人，同时取悦于人。

另一方面，应该有很多人的家里会有一些空间是提前做好打算，但要到三五年之后甚至更久以后才会用到的。比如小夫妻俩为结婚购置的新房是三居室户型，夫妻俩住主卧室，另外两间卧室是为以后一个或两个小孩预备的，但这两个近几年暂时用不上的空间，在当下打算如何应用呢？是把它闲置起来，还是堆放杂物，抑或是做一间可能一年都进不了几次的书房？还有一些看似"毫无用武之地"的空间，就真的可以忽视它？真就挖掘不出它更有价值的用途了吗？等等。以上这些问题我都会在"可变空间设计"一章里提供一些思路和办法，希望对大家有所启发。

如果你家的户型在本书案例中没有找到相似度较高的，也没有找到解决方法和思路，没关系，你可以把困惑和问题列好，咱们一起研究、一起设计，没准儿就能帮到你。

◎ 适合

不论你是家居行业从业者，还是即将要装修
新房或翻新二手房的居住者，抑或是天生喜欢"折
腾"、不喜欢千篇一律、不想随便将就、更不喜
欢一成不变的浪漫主义者，这本书都适合你！

古人用"一屋不扫，何以扫天下"来比喻先做好眼下一件件小事，再谈
其他大事，用"修身齐家治国平天下"确定一个人修为的过程和顺序。我作
为当代人，斗胆做一下古词新说：首先是做人，然后是安家，而其他人可以
通过他的家来看这个人。

家的塑造过程，就是我们成长的见证。

一个趣家的养成，就是一个人气质的养成。所谓"人如其表"，其实延伸一下，
就是"家如其人"。你的家里藏着你的柴米油盐烟火气，也藏着你不为人知的
一地鸡毛，更藏着你的风花雪月和一世柔情。

家是自己性情的真实写照。无论你的房子大还是小，也无论新还是旧，更
无所谓所处地段的好与差，家就是家。

我们做不了世界的主角，但可以做家的主角。你的家就是你的主场，你的
家里就住着你的灵魂。

请随我一起开启一段有趣的"塑家之旅"吧！

刘书辰

2023 年 3 月

目录
CONTENTS

和你分享
家的模样

第一章
玄关布局
—— 玄关的六大功能区

关键词

好看 + 好用

好看加好用，进门不显乱

　　本章是这样来定义"好看"的：好看并不是做个背景、挂幅画、摆盆花或放一些陈设品就叫好看，而是呈现一种秩序感，让外观既协调又舒适，还久用不乱。

　　好用就是方便、快捷，让原本不想做的事情变成顺手就能完成的事儿；让出门、进门要用的东西触手可及，并且动线流畅，让人行动自如。

首先，想问大家几个关于日常生活习惯的问题：

① 外出回到家后，你的外套、围巾、包包等，会一股脑儿地全部扔在沙发上或餐椅上吗？

② 一家人的鞋子、没拆的快递包裹都会摊在门口，扔得满满一地吗？

③ 门禁卡、车钥匙、眼镜、签字笔、口罩，等等，想用的时候总是找不到吗？

④ 门口没有换鞋凳，尤其家有老人、孩子的情况下，会感觉蹲着换鞋很不方便吗？

⑤ 家有爱犬的，特别是大一点的家犬，遛狗回到家后，会感觉门口不方便给狗狗做简单清洁吗？

对照以上问题，请快速回想一下自己平时的生活场景。假如你家里玄关出现的问题不在 3 条以上，就算你家玄关设计合理！

我们开篇先聊一下玄关布局。

玄关，也可以叫"门厅"，是我们国内大多数家庭一推开家门最先进入的地方。

玄关是哪里?

也有一些家庭是没有玄关的，比如很多二三十年前建成甚至更久的老房子，有的一进门就是餐厅区域，或者有的一进门就是厨房空间。又比如现在一些户型，套内使用面积不是很大，进门后好像也没有明显划分出门厅区域，这块空间可能结合了厨房，也可能结合了餐厅。

没有明显玄关的房子，有的可以用一些合理的设计手法实现玄关功能，并不一定非得有专门的一块空间，也不一定非得有专门的占地面积。

住宅不等式

玄关功能 ≠ 玄关空间

因此，玄关功能不等于玄关空间。

没有玄关怎么办?

上面列举的无明显玄关空间的户型其实不太具备普遍性。我通过实地考察、住户调研及查询网络资料后发现，各种老房子的内部构造五花八门，各有千秋，本书就不一一列举了。

接下来，我们就较为普遍的户型玄关提供一些设计上的建议，无法面面俱到，主要是希望大家能掌握设计原则和方法，从而举一反三，有所启发。

为了方便阅读和理解，我把玄关分为大玄关和小玄关两种类型来分别介绍。大玄关就是面积稍大一点的玄关，小玄关就是面积较小的玄关。

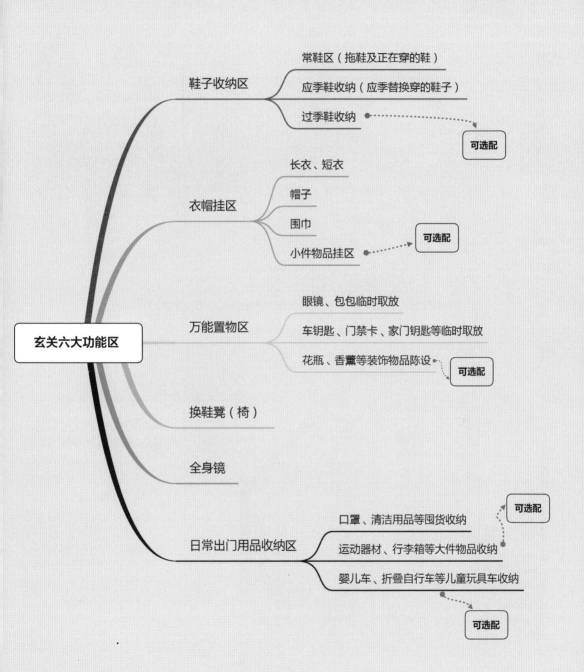

第一节　几种常见尺寸的小玄关布局

小玄关场景 1

〈平面图〉

注：本书图中所注尺寸单位均为毫米。

小贴士

① 狭窄细长形玄关，墙间距不足 1.4 m，没有足够的深度做玄关柜，是小户型比较常见的玄关类型之一。

② 这类玄关不宜放置造型复杂的家具，但可以充分利用墙面和入户门来划分功能区。

③ 这类玄关不适合设置收纳过季鞋的区域，可以把过季鞋收纳在其他储物区。

宝贝们，都穿好了没？记得把拖鞋回归原位哦！

哥哥，帮我拿下鞋子！

我穿好了，妈妈！

〈出门前全家齐整理〉

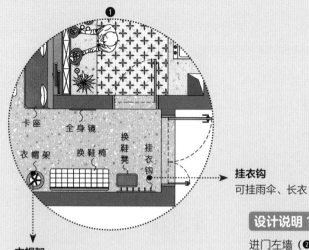

卡座　全身镜
衣帽架　换鞋椅　换鞋凳　挂衣钩

挂衣钩
可挂雨伞、长衣

衣帽架
高处挂大人衣帽，
低处挂小孩衣帽

居住人画像

四口之家: 夫妻二人（女主人青尧，男主人大森）和一对儿女一起居住，哥哥 8 岁，妹妹 5 岁，平时主要由妈妈负责接送两个小孩上下学。

设计说明 1

进门左墙（❷）分别做了挂衣区、换鞋区和鞋子收纳区。挂衣区有挂衣钩和衣帽架两种形式，既有方便大人挂取的高度，也有方便孩子自行拿取的高度。换鞋区设计了换鞋椅和方便孩子操作的换鞋凳，换鞋椅下设计了双层常鞋区，这样每天进出门不必刻意整理也会整齐清爽。

设计说明 2

进出门前的小件物品收纳在入户门（❸）上面，可以选择多种高度的磁吸，既扩大了收纳面，又方便家人随手放东西。需要注意的是，挂东西时要有秩序感，不然视觉上会很杂乱。

设计说明 3

进门右墙（❹）因为有厨房门，所以在空余的墙面上设置了一面全身镜。

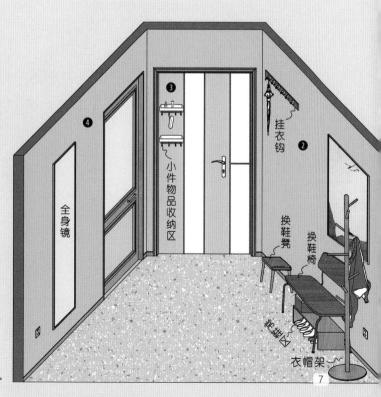

挂衣钩 ❷
小件物品收纳区
全身镜
换鞋凳
换鞋椅
衣帽架

< 离家后情景 >

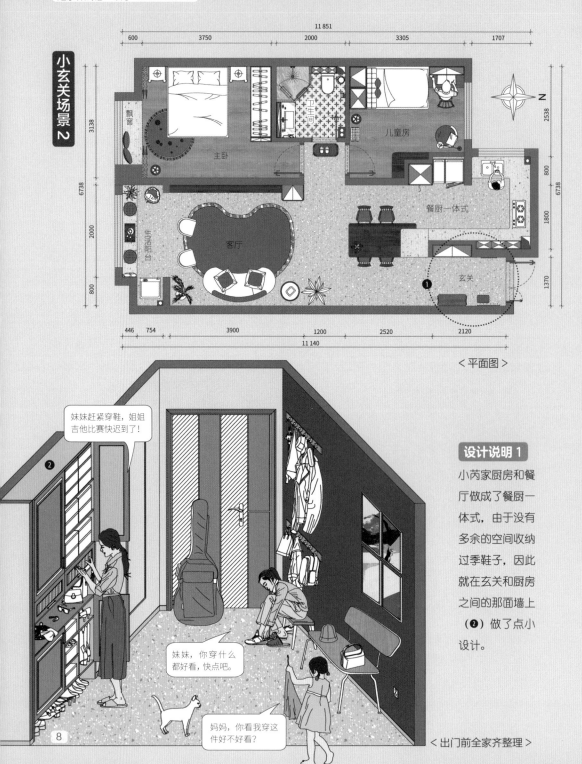

小玄关场景2

〈平面图〉

设计说明 1

小芮家厨房和餐厅做成了餐厨一体式，由于没有多余的空间收纳过季鞋子，因此就在玄关和厨房之间的那面墙上（**2**）做了点小设计。

妹妹赶紧穿鞋，姐姐吉他比赛快迟到了！

妹妹，你穿什么都好看，快点吧。

妈妈，你看我穿这件好不好看？

〈出门前全家齐整理〉

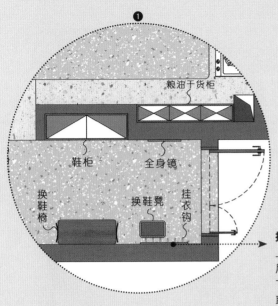

① 粮油干货柜

鞋柜　全身镜

换鞋椅　换鞋凳　挂衣钩

挂衣钩
上下两组，上
层大人使用，
下层方便孩子
取放

居住人画像

同样是四口之家，你
看这个户型是否有些
眼熟？这家是青尧的
闺蜜，同时也是她楼
下邻居小芮女士的
家。与青尧家不同的
是，她家有两个女儿，
因为生活方式不同，
所以家居布局也与青
尧家有所差别。

设计说明 2

因为墙体可拆改，故做成 S 形
（③），打造出一个对开门的鞋柜，
适度扩大了玄关的使用功能。

抽屉收纳区（④）
收纳清洁用品，
口罩等

万能置物台（⑤）
出门必备小件物
品收纳区

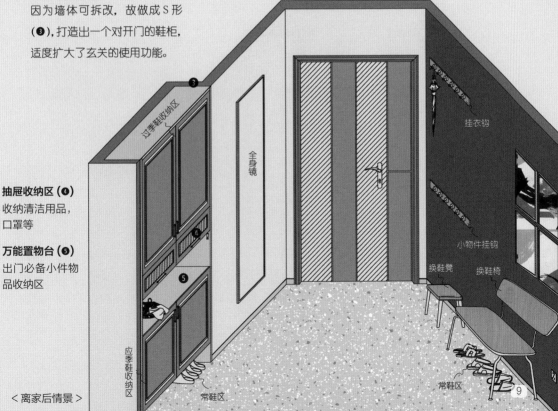

③ 过季鞋收纳区

全身镜

挂衣钩

小物件挂钩

换鞋凳　换鞋椅

应季鞋收纳区

常鞋区

常鞋区

<离家后情景>

小玄关场景 3

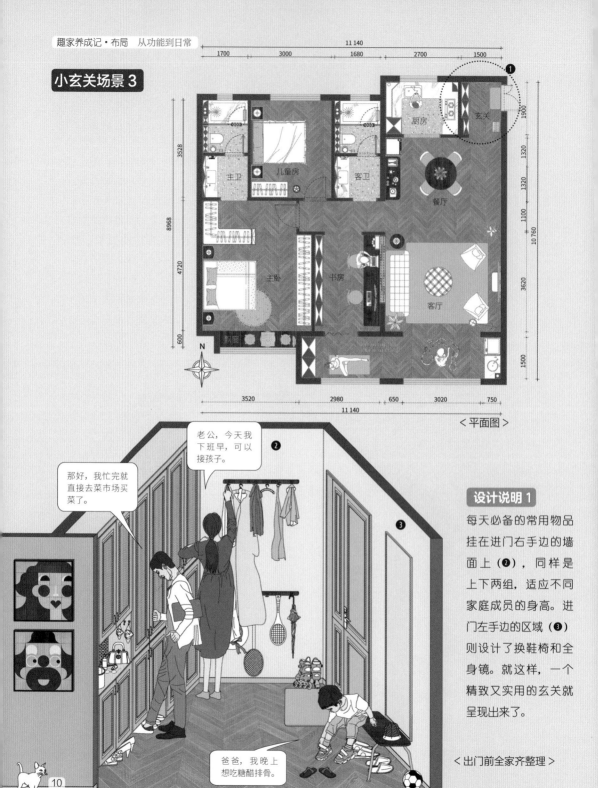

〈平面图〉

设计说明 1

每天必备的常用物品挂在进门右手边的墙面上（❷），同样是上下两组，适应不同家庭成员的身高。进门左手边的区域（❸）则设计了换鞋椅和全身镜。就这样，一个精致又实用的玄关就呈现出来了。

〈出门前全家齐整理〉

日用大件物品收纳

收纳行李箱、轮滑鞋、高尔夫球杆等

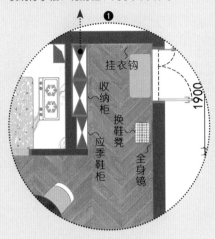

挂衣钩

收纳柜

换鞋凳

应季鞋柜

全身镜

1900

居住人画像

男主人左山、女主人可木和他们的孩子组成了一个幸福的三口之家。他家需要把三室改成两室，将挨着客厅的卧室改成一个可供全家人使用的工作间兼学习间。他家虽然面积不小，但玄关却不是很大，属于入户门正对玄关的类型。

•小贴士

➤这种玄关比较好布局，但要注意设计的表现形式，不能给人一进门就一片凌乱的感觉。

设计说明 2

在入户门正对的墙面设计了一整面收纳柜（❹），分成三组，两两对开。有万能置物台（❺）的设置在最内侧，避免正对入户门而显得凌乱。另外两组根据所收纳物品的不同，分别设计了不同高度的柜门，既整齐又不呆板，使用和取放方便自如。

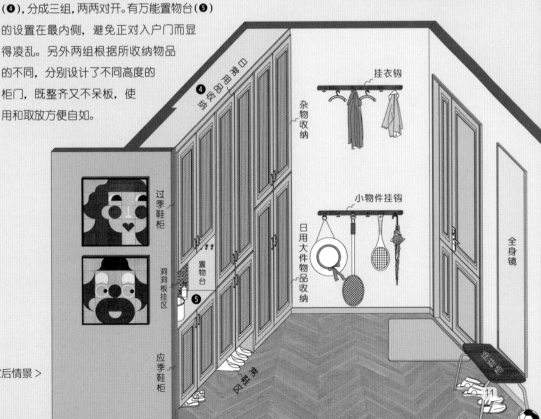

过季鞋柜

洞洞板挂区

置物台 ❺

应季鞋柜

给包的收纳口 ❹

杂物收纳

挂衣钩

小物件挂钩

日用大件物品收纳

全身镜

换鞋凳

小玄关场景 4·

12 679

712　4987　120　1368　1680　3181

3782　3780　3400　11 392

衣帽间

主卧

客厅

餐厅

书房

玄关

客卫

儿童房

厨房

家政间

①

3000　2500　8490　2670

N

712　3688　630　1769　2300　768　3000

13 267

〈平面图〉

小沫，姐姐要放学了，咱们一起去接她好不好？

②

③

好的，婶婶。

〈出门前全家齐整理〉

设计说明 1

这个玄关可用的墙面有两面：进门左手边的墙面（②）和正对的墙面（③）。两面墙都不太宽，都采用了分区、分类布局的手法。进门正对的墙面做了一整面通体柜，根据收纳物品的类别做分段设计。

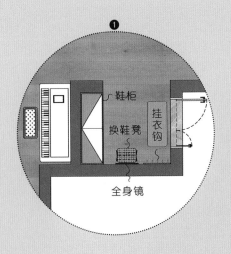

居住人画像

这个家的女主人方女士是当地知名律师，男主人张先生是一家私企设计总监，他们有个"学霸"女儿在上初中，有时张先生会把小侄子接来家中住几天。这家的玄关相对于这个大房子来说不算大，但对他们来说已足够使用。

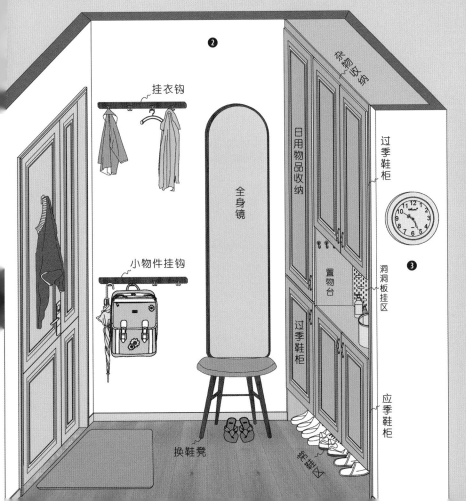

设计说明 2

进门左手边的墙面（❷）由于深度不够，不太适合做柜子，因此把常用物品吊挂区、全身镜和换鞋凳设计在这里，利用镜子的反射效果，让人不会一进门就感觉拥挤。

〈离家后情景〉

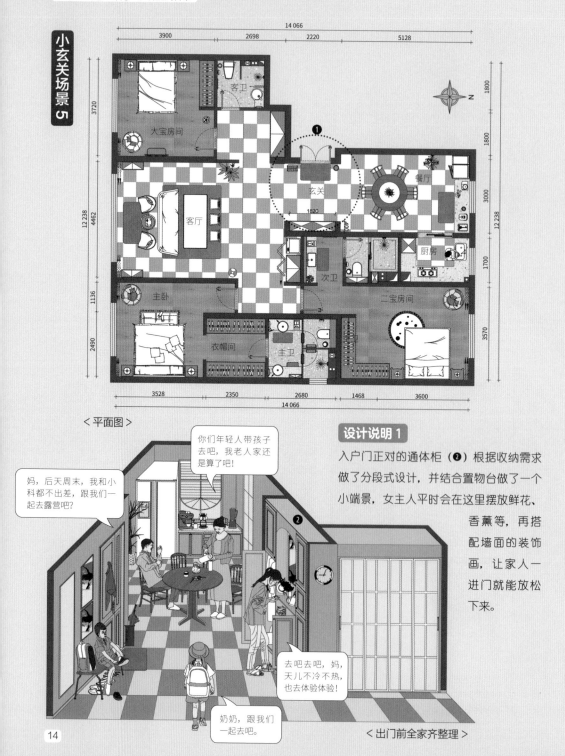

小玄关场景 5

〈平面图〉

〈出门前全家齐整理〉

设计说明 1

入户门正对的通体柜（❷）根据收纳需求做了分段式设计，并结合置物台做了一个小端景，女主人平时会在这里摆放鲜花、香薰等，再搭配墙面的装饰画，让家人一进门就能放松下来。

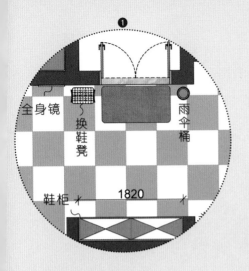

① 全身镜　换鞋凳　雨伞桶　鞋柜　1820

居住人画像

这一套是改善型住房，潘先生一家五口人居住，除了妻子小科和一对儿女外，还把孩子奶奶接来一起住。夫妻二人都是上班族，平日工作比较忙，还经常出差，因此请奶奶暂时过来帮忙照顾孩子。爷爷因为留恋老家，不愿意搬过来长期居住，但会隔三差五地来看望孩子。

设计说明 2

入户门的右手边（❸）设置了换鞋椅和全身镜，空余的墙面挂上了孩子们的创作品，让进门空间充满了氛围感和仪式感。

设计说明 3

按照这所房子的面积来说，玄关所分配的面积比较适中。作为连接餐厅和客厅的中枢纽带，过道（❹）的面积适当留宽一些，即便有人换鞋，也不妨碍其他人通过。减去柜子和其他设施以外，通道净宽度预留 2 ～ 2.2 m较为舒适，玄关处的通体柜（❷）做了 40 cm 的厚度，可通行过道宽度预留了 2.2 m 左右，对于一家人来说足够用了，而且互不阻碍。

＜离家后情景＞

杂物收纳　全身镜　雨伞桶　❸　衣帽柜　杂物收纳　应季鞋柜　应季鞋柜　换鞋椅　配挂区　日用大件物品收纳　❹

第二节　较大面积玄关的几种布局

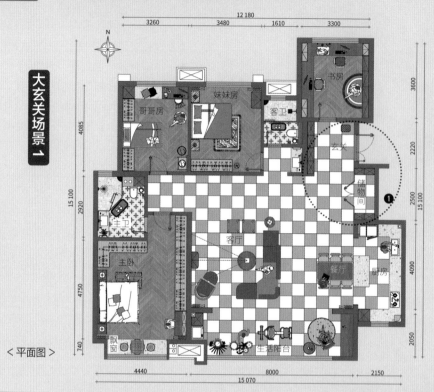

大玄关场景 1

〈平面图〉

妹妹还是先忍忍吧，等你高考完再提旅游的事儿！

哥，我也想跟你出去玩儿！

妈，我先走了，朋友到楼下接我了。

〈出门前全家齐整理〉

设计说明 1

这家人酷爱旅游和户外运动，因此家里堆了很多露营和户外运动的装备和设施。玄关处特意设计的储物间（❷）对一家人来说特别实用，除了收纳过季鞋子外，这个不到 3 m² 的地方还可以容纳下所有户外运动设备，以及大大小小的行李箱。

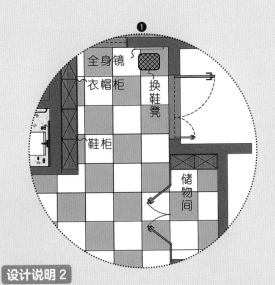

设计说明2

入户门正对的玄关处设置了通体柜（**❸**），同样遵循了"中间端景、两侧收纳"的原则，既好看又好用。全身镜设置在了一进门的右手边墙面（**❹**）上，下方放置换鞋凳，露在外面比较方便。

居住人画像

这是一对中年夫妇和一双儿女的居所。主人公是马先生和林女士，他们的大儿子出国留学，小女儿备战高考。三年前他们选中了这套房子，不仅因为小区及周边环境好，更重要的是，房子的内部格局可塑性强（大多数墙体可以拆改）。房子内部空间足够大，经设计后，各处功能空间均可满足全家人的生活习惯，尤其是玄关。

大玄关场景 2

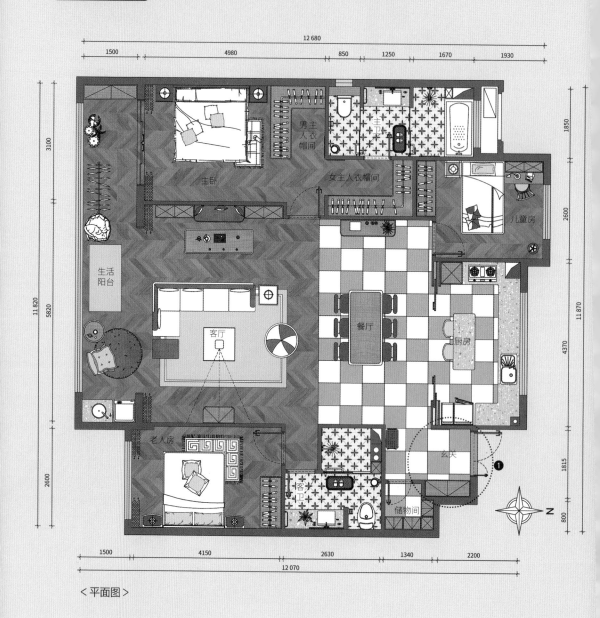

< 平面图 >

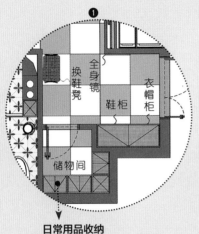

① 日常用品收纳
清洁用品、口罩等收纳

居住人画像

这是一个大家庭，静姐夫妻二人加上两个孩子还有爷爷奶奶一同居住。两个孩子一个 9 岁，一个 5 岁，正是调皮的时候，家里面摆满了哥俩儿的玩具，大到自行车、脚踏车，小到各种球类。这套房子当初没怎么装修，后来夫妻俩有了孩子才发觉格局不合理。随着孩子的长大，玩具越来越多，没有集中的收纳区域，生活非常不方便。为了迎接二宝的到来，夫妻俩重新装修了房子，并且有了更多的生活经验，设计时跟我们配合起来更加得心应手。

设计说明 1 万能置物台（②），方便包包、眼镜、钥匙等临时取放。

设计说明 2 这次改造最明显的就是加大了玄关的收纳空间，增设了玄关储物间（③）。这一设计让孩子们大大小小的玩具有了安身之所，同时夫妻俩外出的行李箱、男主人的高尔夫球设备，以及奶奶买菜拉的小车、爷爷的钓鱼竿等，都有了相对应的位置，取放都非常方便。

马上好啦！

等会儿，球好像没气了，我找一下打气筒！

③

②

爸爸，快点快点……

妈妈，好了没，可以下楼了吗？

〈出门前全家齐整理〉

19

储藏柜

衣帽柜

全身镜

〈离家后情景〉

鞋子收纳

过季鞋柜

小抽屉

挂区

应季鞋柜

儿童用品收纳柜

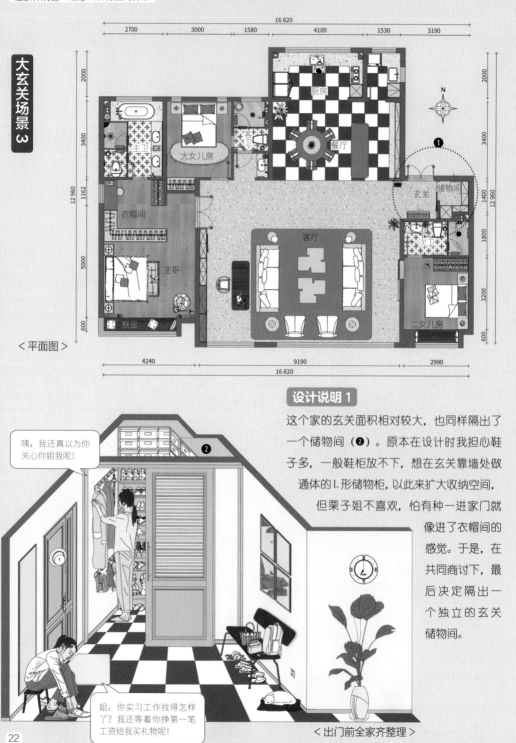

大玄关场景3

〈平面图〉

设计说明1

这个家的玄关面积相对较大，也同样隔出了一个储物间（❷）。原本在设计时我担心鞋子多，一般鞋柜放不下，想在玄关靠墙处做通体的 L 形储物柜，以此来扩大收纳空间，但栗子姐不喜欢，怕有种一进家门就像进了衣帽间的感觉。于是，在共同商讨下，最后决定隔出一个独立的玄关储物间。

〈出门前全家齐整理〉

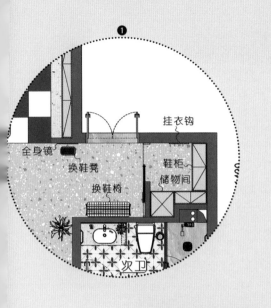

❶

居住人画像

这所房子的居住者栗子姐和华子哥都是"海归"投资人，夫妻俩有两个女儿，她们都很自立，无论是生活起居方面，还是学习方面，都不怎么用大人操心，是非常优秀的孩子。

设计说明 2

改造前栗子姐还有点担心玄关会变小，视觉上会比较紧凑。没想到改完之后，玄关不但用起来更加便捷，而且关上百叶移门（❸）后，玄关显得整洁干净，一进门感觉更加清爽了。

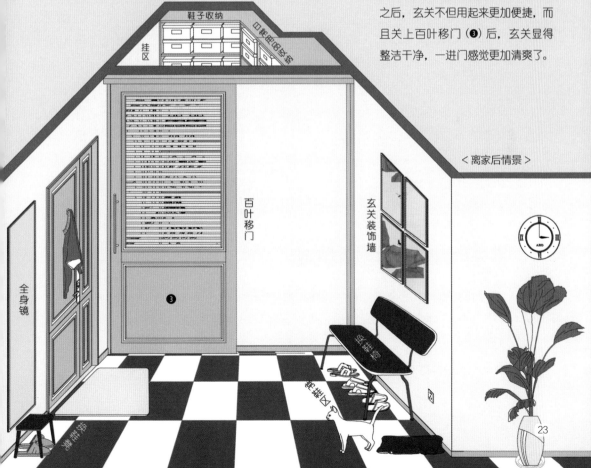

＜离家后情景＞

第二章

玩不腻的客厅

——如何让宅家"待不腻"？

关键词

多元化 + 好玩

多元化加好玩，宅家待不腻

所谓"多元化"就是让客厅灵活可变，可静可动。

"好玩"就不用解释了，就是今天这样玩儿，明天那样玩儿，怎么玩儿都有意思，怎么玩儿都喜欢，而且不光自己玩儿，还要带着全家一起玩儿。

关于客厅，有两个问题。第一个问题是：在家里的时候，大家平时待得最多的地方是哪里？

以下是我搜集到的不同人群的不同回答：

① 幼儿园老师 A 女士答："卧室，只要是休息日，我基本就是在家睡觉。"

② 杂志摄影师 B 先生答："客厅。"

③ 服装店店主 C 女士答："客厅。"

④ 白领职员 D 小姐答："挨着客厅的南阳台，冲杯咖啡，晒着太阳看杂志，特别舒服！"

⑤ 房地产销售员 F 先生答："基本是客厅，我和爱人连吃饭都在客厅茶几上吃。"

⑥ 企业员工 G 女士答："餐厅，我无论办公还是刷剧，基本都是坐在餐厅的桌子边上。"

⑦ 医院儿科医生 H 先生答："客厅，我喜欢'瘫'在沙发上听音乐。"

⑧ 全职太太 W 女士答："卧室，我倒是想在客厅待着，可是我家客厅基本都被孩子和他爸占着！"

问卷结果显示，排除晚上睡觉时间，大多数人会说客厅是在家里待的时间最多的地方。

那么第二个问题是：你们一家平时都在客厅做什么？

① 幼儿园老师 A 女士答："看电视呗，在客厅能做什么。"

② 杂志摄影师 B 先生答："看电影，玩电子游戏。"

③ 服装店店主 C 女士答："逗娃，我家孩子才 5 个月大，客厅茶几都被我们挪到了卧室里。"

④ 白领职员 D 小姐答："看电视。"

⑤ 房地产销售员 F 先生答："看会儿电视，不想看了就看会儿书，打发时间呗。"

⑥ 企业员工 G 女士答："跟孩子做游戏，要是奶奶带孩子出去玩了，我就看会儿电视。"

⑦ 医院儿科医生 H 先生答："窝在沙发上刷剧，客厅倒是有健身器材，刚买来时还用，现在基本是摆设。"

⑧ 全职太太 W 女士答："孩子和他爸最喜欢在地毯上搭积木，特别大型的那种，摆的时候我都放不下脚，有时他们也玩会儿电子游戏。"

可见，大多数人会在客厅看电视，也有为了不让孩子看电视而把电视机安装在自己卧室的情况，其次则是陪孩子在客厅玩。

客厅的限制

客厅的作用除会客外，大多数家庭会赋予它一到两个其他功能。但有的家庭的客厅被家具限制了作用，当初装修时，想当然地买家具，结果沙发、茶几、电视柜装进去后，客厅空间基本满了，后面就不好再扩展功能了。

那么客厅的功能设置有没有另外的可能性呢？当然有。

客厅发展至当下，已经不只拥有会客一个作用了。它是房子的中心地带，是中央枢纽，也是家人活动最为频繁的地方。聚集、娱乐、游戏、聊天，基本都在这里进行，是真正意义上的"家庭活动厅"。

客厅的功能

去客厅化

近几年网络家居圈有一个词出现得特别频繁，就是"去客厅化"。在我看来，去客厅化不是不要客厅，而是改变客厅的陈列方式，比如传统的客厅陈列方式是沙发、茶几、电视柜、电视机，去客厅化后，可以去掉茶几和电视柜，改为沙发、长桌、书柜的组合，也可改为双人沙发、边几、收纳柜。甚至可以把客厅分为多个板块，比如咖啡区、阅读区、手作区等，以此扩大客厅的使用功能，让客厅成为一家人情感交流、沟通互动的中心地带。

转换公式

沙发 + 茶几 + 电视柜 + 电视机

→ 沙发 + 长桌 + 书柜

→ 双人沙发 + 边几 + 收纳柜

本章着重就两种客厅（即横厅和方厅）来说明如何布置和选用家具。当然，家里不是横厅或方厅也没关系，这里只是以这两种客厅作为例子，提供一些新思路，让大家理解扩大客厅功能的方法，从而让客厅更好地服务于我们的生活。

除了本章，后面章节还会有更多更好玩儿的客厅形式，没准儿就有适合你家的。

第一节
横厅布局
新玩儿法

什么是横厅？简单来说，就是客厅的宽度大于进深，可以是客厅和餐厅横向相连，也可以是客厅与书房横向相连，当然还可以是客厅与茶室横向相连，等等。

有的家里本身就是横厅格局，比如下图所示户型。

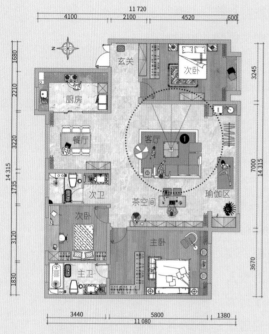

<平面图 1>

设计说明

原始户型中的客厅本就是横厅（❶❷），使用起来非常方便。

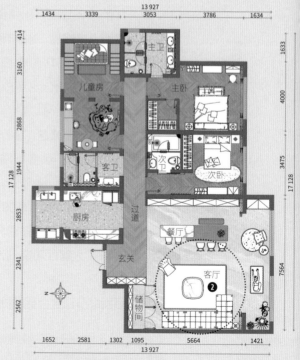

<平面图 2>

也有的是经过改造，拆除非承重墙体后，进而得到一个横厅，如下图所示户型。

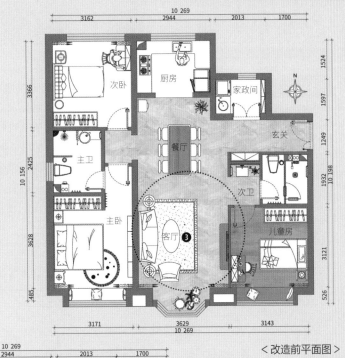

< 改造前平面图 >

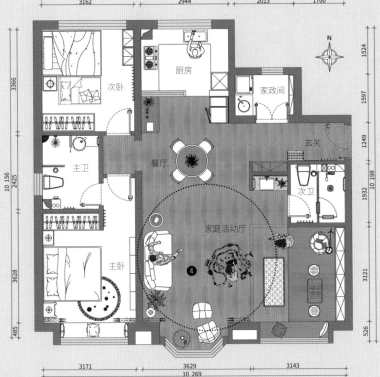

< 改造后平面图 >

设计说明

原始户型的客厅（❸）改成横厅（❹）后，打破了客厅面朝电视机的单一布局，除了开阔客厅视野、扩大人们的活动范围，更重要的是，可以让空间更多、更高效地为家人所用，从而为一家人的生活带来更多可能性。让客厅功能多元化，还能增强亲人之间的互动交流。

下面我们用两个案例为大家详细讲解如何高效地利用横厅。

案例 1. 典型的横厅布局

设计说明

林女士家横厅布局是客餐厅（❶）的形式，原本宽度为 **8 m** 的大开间，装修时又把厨房做成了开放式厨房，使原本就很大的横厅扩大到了宽度将近 **11.4 m**，变成了客餐厨空间，视觉上让人感觉宽阔无比。

居住人画像

林女士家一家人平日大部分时间都会聚集在客厅，客厅没有放电视机，而是做了一套影院系统，方便看电影、打游戏，孩子们写作业喜欢在餐厅的长桌上进行。客厅阳台做了品茗区，男主人喜欢在这个角落喝茶、看新闻。大家各忙各的，互不打扰，但彼此都能看到对方，还时不时交流一下。女主人的父母和妹妹一家人周末经常来做客，孩子们很喜欢这种热闹的家庭氛围。

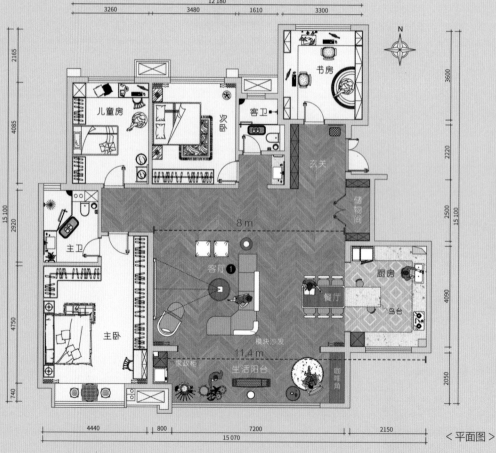

< 平面图 >

生活场景 1. 多变客厅 + 儿童游乐区

餐桌往边上挪一挪，玩大型电动轨道车（❷）也不是问题，孩子们玩耍，不会打扰大人们聊天、观影。

< 平面图 1 >

生活场景 2. 多变客厅 + 台球厅

晚饭过后，一般是一家人的活动时间，马先生和妹夫都
喜欢打台球，一般饭后会切磋一下。这时候马先生就会
从储物间拿出折叠球桌（❸），几人三下五除二搬开家具，
客厅立即变身台球厅。林女士和妹妹会坐在沙发上观战，
孩子们也不闲着，在餐厅长桌上玩得不亦乐乎，这时，
姥姥把切好的水果端上来。这一刻，家庭幸福感满满。

生活场景 3. 多变客厅 + 乒乓球场

等大人们玩累了，就轮到孩子们活动了。这时马先生又会从储物间拿出一对折叠乒乓球桌（❹），直接将其架在台球桌面上，安上中间的球网，台球厅立刻又变身乒乓球场地，姥爷当起裁判，一家人齐观战。往往玩到夜里 10 点，孩子们都不肯散去，但这是一家人规定的休息时间，因此大家不得不各自回家。

•小贴士

► 需要注意一点：如果家具是连体的，可能不太好移动，可以选购分体的模块式沙发，移动起来比较方便，还能随意组合。

终于轮到我们啦？

我给你们切了水果，一会儿过来吃哦！

晶晶，别看你球技不怎么样，姿势还是蛮标准的！

哈哈哈，那必须的。

玄关

储物间

客厅

厨房

餐厅

岛台

模块沙发

家政柜

生活阳台

咖啡角

< 平面图 3 >

<平面图 4>

生活场景 4. 多变客厅 + 周末聚会

每次拿下一个项目，马先生都会带着自己团队的同事来家里开庆功宴（❺）。一是家中氛围轻松，二是家里可玩儿的娱乐设施多，大家不会感觉无聊。更重要的一点是，把人请到家里来吃饭，能增进同事之间的感情，增强团队凝聚力。

案例 2. 改造后的横厅

设计说明

原本是中规中矩的客厅（❶），如今改成了横厅，更加宽阔好用。

居住人画像

方女士和张先生的家在前面提到过，是二次改造装修时把原本中规中矩的客厅改成了横厅。原本是三间房，保留两间卧室（一间主卧，一间儿童房），另外一间做成了独立书房。后来随着女儿潇潇渐渐长大，孩子的兴趣爱好也渐渐多起来，大人和孩子的生活习惯都有了变化。由于书房的利用率不高，基本闲置，因此两年前方女士和张先生决定重新装修，于是就有了现在这个家的模样。

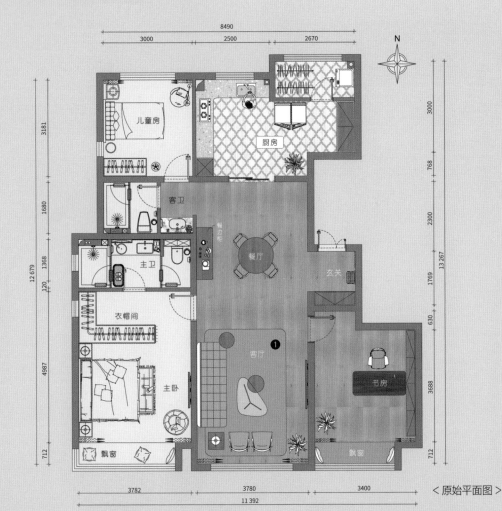

＜原始平面图＞

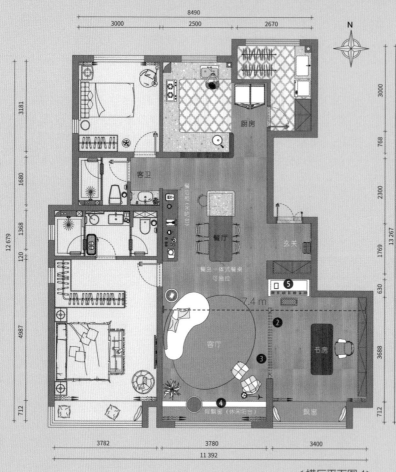

< 横厅平面图 1 >

生活场景 1. 客厅 + 书房 + 兴趣角

在这个改造后的横厅里，一家人不仅可以喝茶聊天，还可以靠着窗户晒太阳看书，即使亲戚朋友来再多人也能坐得下。改造后，不但客厅、书房原本的功能没有减少，还把女儿所有的兴趣爱好都容纳进来了，让他们一家人使用起来更加便利，即便一整天宅在家里也不会腻。

设计说明 1

二次改造中最重要的改变，就是把原来客厅和书房之间的非承重墙（❷）拆掉了，扩大了客厅面积，将原本闲置的书房并入开放式空间，这样就得到了一个跨度足有 **7.4 m** 的大横厅，并将原来的电视机变为了顶部隐藏式的投影幕布（❸），还增设了地台设计（❹）。

设计说明 2

原有的书房保留了书房功能，因为随着孩子学业的加重，书房还是会用到的。打开书房后，钢琴位置（❺）也有了着落。

生活场景 2.
多变横厅变身"影视剧院"

邻居家小弟弟很喜欢来串门,和潇潇一起看动画片。家庭影院(❻)的安装,给家人们带来了更加舒畅的观影体验。

＜横厅平面图 2＞

＜横厅平面图 3＞

生活场景 3. 晚饭前的岁月静好

一到寒暑假,张先生就会把爷爷、奶奶和小侄子接过来住一阵子。晚饭前,张先生偶尔会在书房处理点工作上的事情,爷爷、奶奶准备晚饭,方女士收拾家务,潇潇写作业,小侄子在地毯上玩儿,大家各自有各自的事情,但又是在一起的,无论叫到谁都能听到。这就是开放式空间(❼)的好处。

生活场景 4.
多变横厅变身竞技赛场

晚饭过后，爷爷、奶奶去楼下遛弯儿，爸爸就把提前准备好的乒乓球桌架上（❽），一家人开始了竞技比赛，直到爷爷奶奶遛弯回来，大家各自冲个热水澡，再美美地睡觉去。

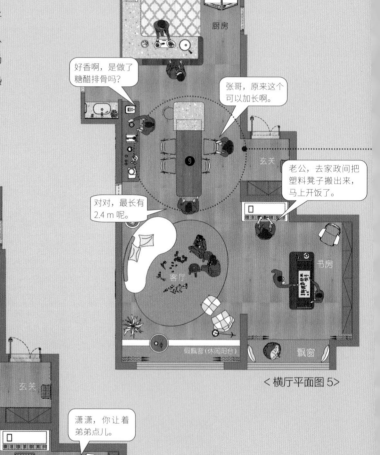

<横厅平面图 5>

<横厅平面图 4>

生活场景 5.
多变横厅变身家庭聚会馆

方女士在装修前提出了一个小要求，就是她和爱人平时喜欢请朋友来家里聚餐，希望能有一个可以容下 10 人左右的餐桌。于是我们把他家的餐桌和岛台做成了可抽拉式的（**9**）。餐桌长度是 **1.6** m，平时足够一家人吃饭，来客人时最大可以加长到 **2.4** m，12 个人都能容得下，还不感觉挤。每次一边上菜，张先生还会张罗着："大家都坐上来，塑料凳子多的是。"

< 横厅平面图 6 >

第二节

方厅布局的 8 种日常玩儿法

除了上一节讲的横厅外，大家是不是还听说过竖厅、客厅餐厅厨房一体化（客厅的英文是"Living Room"，餐厅的英文是"Dinning Room"，厨房的英文是"Kitchen"，各取首字母即"LDK"）等形式，而方厅似乎听得比较少？那么，什么是方厅？

其实方厅是多年前某房地产机构研发创新的一种客厅形式，但很多资料对此众说纷纭，我们这里就不咬文嚼字了。随着建筑和室内行业的发展，未来可能还会出现更多符合当下人生活需求的户型，因此不必强调这种客厅到底该怎么定义，关键是它所传递的生活方式。常规户型的方厅是有缺陷的，比如下面两个方厅就比较典型。

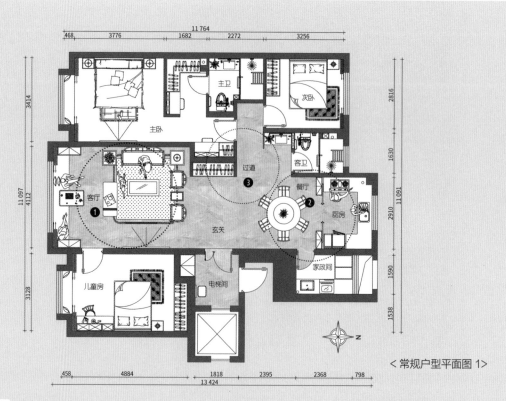

< 常规户型平面图 1 >

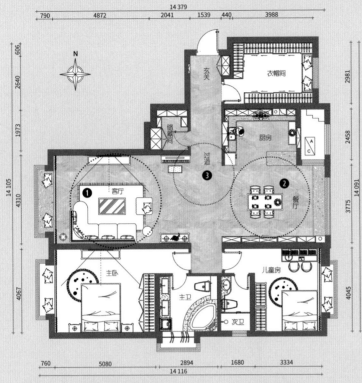

< 常规户型平面图 2>

户型说明

这两个常规户型中的方厅，都是客厅（❶）和餐厅（❷）一南一北或一东一西分开，中间有个过道（❸），把空间分割开来。事实上过道空间容易浪费。

　　下面以一个典型的方厅案例为大家详细讲解，也就是前面提到的静姐家。刚看到这个房子的时候，我的脑海里已经呈现出了这家人未来的生活画面，给夫妻俩一描述，刚好我所描绘的场景正是他们希望的生活的样子。改造完成后，静姐和她先生非常满意，认为设计实现了他们想要的生活。

　　那么，具体来说，他们的生活是如何通过设计实现的呢？这里模拟了静姐及家人的8种日常生活场景，看一看她家是怎么使用这个方厅的，领略一下方厅能为生活带来哪些便利。

居住人画像

静姐家面积有 **160 m²**，三房，正好够一家6口人三代同堂居住。静姐一家人搬进来后，特别喜欢在客厅待着，也都能找到自己喜欢的角落，更重要的是，大家都能互相看到，感觉很安心。

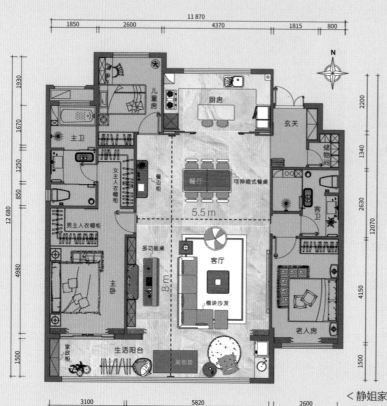

<静姐家方厅平面图 1>

设计说明

这个房子明显的特点是卧室面积都不大，但客厅和餐厅紧挨着，宽度将近 5.5 m，进深将近 8 m，加在一起足有 44 m² 的使用面积。这样的房子对比常规户型的房子来说，实用性更强一些。

生活场景 1. 离家模式

工作日的清晨，大家吃过早饭，上班的上班，上学的上学，爷爷、奶奶也准时下楼遛弯儿买菜，一家人生活得井然有序，忙碌而充实。偶然也会有变化或波澜，但一家人在一起就有凝聚力，就有一种莫名的力量，生活有滋有味，一点儿也不枯燥乏味。这个家正在静静地等待着家人们回来，为他们提供生活的温暖。

小贴士

▶ 方厅布局实际上是 LDK 空间一体化设计的升级版，从某种意义上来说，跟竖厅有些相似。它将客厅、餐厅、厨房和功能休闲区等多个空间融合在一起，消灭过道等容易浪费的空间，扩大视线范围和人的活动空间，增强家庭成员之间的互动交流。

生活场景 2. 回家模式

这是最日常的生活场景：夫妻俩忙碌一天后回到家里，开门一瞬间，看到大儿子在餐桌上写作业，二儿子在阳台搭积木，爷爷、奶奶正张罗着晚饭，一身的疲惫顿时烟消云散，心底生出一份放松与安心。夫妻俩忙换好衣服，静姐先到各间屋收拾脏衣服准备拿去洗，同时整理晾干的衣物。她先生也不闲着，一边拖地，一边不忘看看大儿子的作业情况。

准备吃饭喽。

好的，奶奶，马上写完。

小宝，先别玩了，去洗手准备吃饭。

<静姐家方厅平面图 2>

生活场景 3. 饭后自由活动模式

晚饭过后，收拾完家务，就是一家人的自由活动时间。通常静姐会窝在沙发上追剧，先生有时加会儿班，有时上网查阅一些资料，两个孩子也各有各的爱好。沙发后面的书桌区则是爷爷最常待的地方，有时爷爷练练字，或者看看收藏的邮票，跟孙子们分享一下每张邮票的来历。这时奶奶为大家端上来切好的水果，数落正在显摆的爷爷："你那些玩意儿不知道显摆过多少次了！"

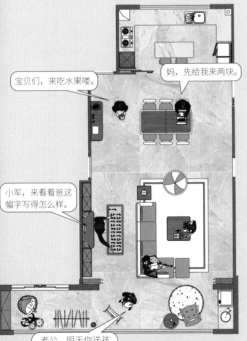

宝贝们，来吃水果喽。

妈，先给我来两块。

小军，来看看爸这幅字写得怎么样。

老公，明天你送孩子上学吧，我一早去趟工厂。

<静姐家方厅平面图 3>

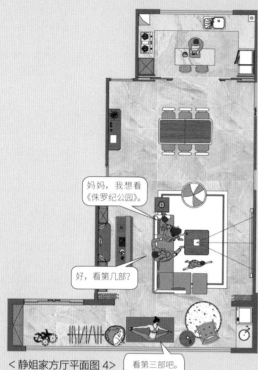

<静姐家方厅平面图 4>

生活场景 4. 睡前观影模式

爷爷、奶奶睡得都比较早，静姐和先生有时看时间还早，两个孩子都不想睡觉的话，他们就会开启客厅观影模式，把灯光调暗。夫妻俩带着孩子们观看最新上线的动画片或电影。不一会儿，孩子们就有了困意。

生活场景 5. 家庭聚会模式

周末的时候，静姐偶尔会叫上闺蜜一家来家里聚餐。闺蜜家也有两个小朋友，每次来了之后，小朋友们各自组合玩耍，爷爷会拿出自己收藏的好茶叶，热心地展示自己的茶道水平；闺蜜老公和静姐先生是做饭的主力，奶奶在一旁打下手，时不时地夸赞闺蜜老公人帅手艺好。

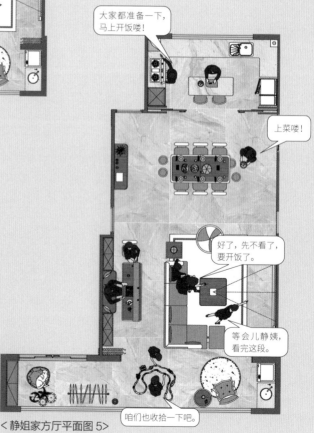

<静姐家方厅平面图 5>

小贴士

▶ 置办家具时，我们建议静姐买模块式沙发，因为轻便好移动，还可以充当孩子玩过家家的道具，他们自己移动起来也轻松自如。

生活场景 6. 全民健身模式

每周六下午，只要没有别的安排，便是一家人的健身时间。为此夫妻俩特意定制了一张小巧的可折叠乒乓球桌。静姐说，现在网上有专门卖乒乓球台面的，直接放到长桌上就能用，比球桌方便。但既然已经买了，就先用着，说不定过两年就换别的娱乐设施了。其实这就是生活的经验和智慧啊。

< 静姐家方厅平面图 6 >

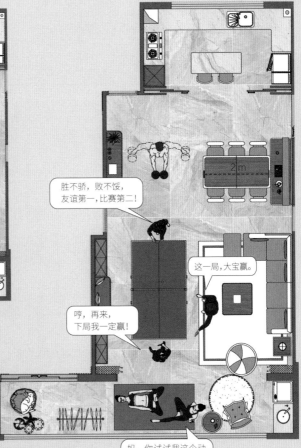

< 静姐家方厅平面图 7 >

<静姐家方厅平面图 8>

小贴士

不同的聚餐模式有不同的氛围，可以根据氛围进行具体的调整。

生活场景 7. 团建派对模式

夫妻俩是做服装生意的，自己公司的员工大多是年轻人，有时静姐和先生会带他们来家里搞团建。最开始设计的时候，静姐就提出了这个要求，因此我们为他家购置了一张可以伸缩的大餐桌，平时一家人吃饭的桌面长度是 **2 m**，多人吃饭时，可以拉长至 **2.9 m**，十四五个人一起吃饭都不成问题。

<静姐家方厅平面图 9>

生活场景 8. 生日宴会模式

"孩子过生日时，宴会在家里办，不比外面差，还安全。"说到这里，静姐很自豪："每次给孩子办生日宴，他的朋友都特别高兴，因为觉得我们家好玩儿，既可以搭积木、玩轨道车、打乒乓球，还能打游戏、玩狼人杀，而且做的饭也好吃，孩子也因此倍感自豪。"生日宴会前，一家人齐上阵，在客厅布置，孩子们也跟着一起吹气球、挂彩旗，做完大家都很有成就感。

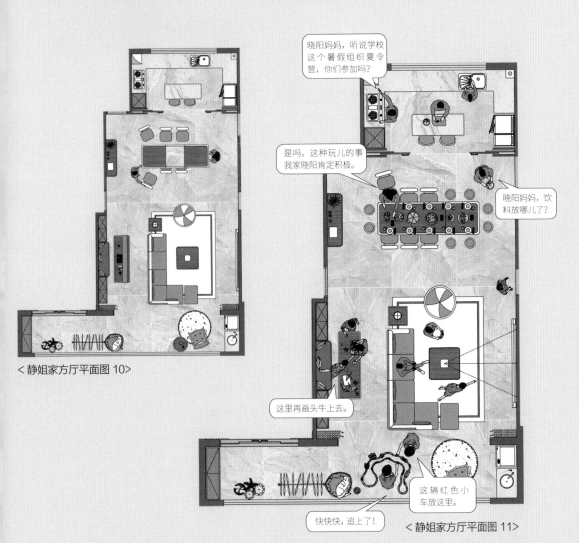

< 静姐家方厅平面图 10>

< 静姐家方厅平面图 11>

第三章
餐厅布局

—— 餐厅除了用来吃饭，还可以做什么？

关键词

方便 + 距离短

方便且距离短，餐厅更好用

餐厅的设计要以方便使用为原则，一是本身的布局要好，二是作为一个连接厨房、客厅及其他空间的地方，如果能做到与其他空间的距离较短，那么这会让餐厅更加好用。

大家有没有发现，如今家里的餐厅好像不只是用来吃饭的地方了。

① 可能有人会说："对对对，我老公就喜欢把笔记本电脑搬到餐桌上玩儿，我家孩子就喜欢在餐桌上写作业。"

② 也有人会说："我家餐厅后面有个阳台，坐在餐桌旁，一边喝咖啡，一边看书，非常舒服。"

③ 还有人说："我家的饮水机就放在餐桌上，倒水时顺便就坐下来玩手机了。"

和以上情况类似的朋友们，家中餐厅的布局往往是多种多样的：有的是独立餐厅，也有的是餐厅和客厅紧密相邻，当然还有餐厨一体式的，就是餐厅和厨房连在一起，厨房自然就做成开放式的了。

不管是以上哪种形式，国内现在大多数户型中，要么是餐厅连接厨房，要么是餐厅连接客厅。这一章就以这些普遍户型为例，为大家详细讲解餐厅布局的注意事项。

客餐厅动线上
少不了的饮水柜

本节主要讲客餐厅中一个不可或缺的功能区域——饮水区（餐厨相连的户型会在下一章有关厨房的内容中详细讲解）。

请大家回想一下自己当下的生活场景，看有没有出现过这样的情况：

① 自己窝在舒服的沙发上刷剧，口渴了想喝杯水，但烧水壶、饮水机布置在厨房的一个角落里，需要走一段路去倒水，你实在懒得动。

② 没有固定收纳杯子的地方，杯子一般都是随手乱放，有时放哪儿了都记不起来，喝水前先找水杯。

③ 自己平时囤的咖啡、茶饮等没有固定收纳的地方，都是随手一放。甚至看不到也想不起来喝，等再拿出来时发现已经过保质期了。

④ 水杯、烧水壶、饮水机等都摆在餐桌上，吃饭时觉得碍事，便挪动一下。但时间久了，茶叶包、咖啡豆、给孩子冲奶粉的瓶瓶罐罐占据了餐桌的大部分面积，最后就剩下一小块地方用来吃饭。还有，虽然这些物品不放在餐桌上，但是摆在茶几上，一样显得物品庞杂混乱，就像没收拾过一样。

⑤ 卧室在房子的东面，饮水机在西北角的厨房里。晚上起夜口渴想喝水，睡眼惺忪地跑去厨房倒水，发现水杯找不到，又去客厅找水杯，一去一回，发现自己不困了。

⑥ 现在孩子上学一般自带水壶，烧水壶和饮水机没有放在目之所及的地方，有时候送完孩子回到家才发现孩子忘记带水壶了。

总而言之，刚搬进来时，家里宽敞明亮；而居住时间越久，东西越多，也就越拥挤，尤其是客餐厅区域，甚至让人不想在家里待着。

其实大多数普通家庭都是这样，尤其是有了孩子之后，东西会更多。这就**需要在装修前给房子设计一个合理的布局，提前预留好未来可以收纳更多物品的区域和设施。**即便未来东西再多，也能收纳得下，而且看起来不乱。

全屋收纳是一个庞大而整体的系统，后面我们会逐个空间详细讲解，这节以餐厅为例，以小见大地解析一下几种常见户型的客餐厅布局情况。

首先来看两个相邻的家庭：青尧家和小芮家。两家的原始户型是一模一样的，但由于生活方式不同，两家的室内布局也有所差别，尤其是在客餐厨区域。

案例 1. 青尧家的餐厅

设计说明 1

饮水柜（❶）设置在餐厅和客厅之间东面的墙上，与一个装饰性很强的冰箱（❷）紧紧相连。为了不显得拥挤，她家的饮水柜长度限定在了 **1.2 m** 以内。冷饮放在旁边的冰箱里，饮水柜则用来收纳所有的烧水器具和一家人的水杯，这些被分门别类地摆放整齐，想喝水时随拿随取，一家人无论在房间的哪个位置，沏茶倒水都十分方便。

饮水机

小家电

常用茶饮器具

＜青尧家生活场景＞

常用茶饮器具

饮水柜

囤货

不常用物品收纳区

囤货

不常用物品收纳区

常用物品收纳区

妈妈，我想喝果汁。

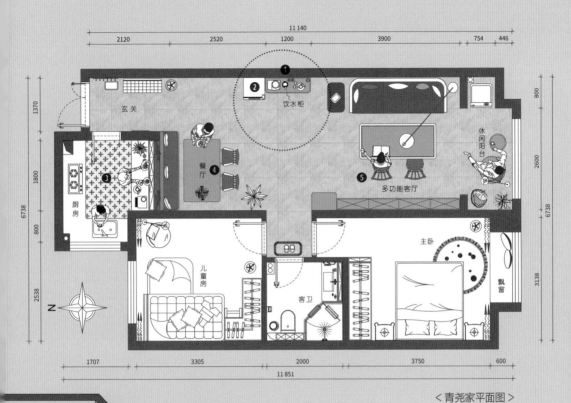

< 青尧家平面图 >

设计说明 2

青尧家做的是封闭式厨房（❸），餐厅（❹）是独立空间，客厅（❺）把原有的茶几去掉，换成书桌，用来办公、写作业。

老婆，咖啡好了吗？

案例2. 小芮家的餐厅

〈小芮家平面图〉

设计说明 1

小芮家做的是餐厨一体式空间（❶），厨房和餐厅没有明显分界，而是打通连在一起的，客厅随意摆了一些休闲沙发和休闲椅，留出大面积空间给孩子们玩耍。小芮家由于餐厨形式改变，若还像青尧家一样摆放，会显得过于拥挤，因此对餐厅与儿童房之间那面墙（❷）做了改动，空出饮水柜（❸）和冰箱（❹）的位置，将饮水柜设在了厨房通往客厅的过道上。

小贴士

> 这样布局的动线是：从饮水柜里拿杯，转身倒水，同样方便高效。

设计说明 2

通过布局设计，将饮水柜（❸）置于客餐厅甚至厨房的中心地带。小件电器就收纳在饮水柜里，像咖啡机、饮水机等稍大的电器则放在对面与餐桌相连的岛台（❺）上。

<小芮家生活场景>

❸ 饮水柜

不常用物品收纳区 ◄

囤货 ◄

常用物品收纳区 ◄

常用茶饮器具 ◄

小家电 ◄

囤货 ◄

不常用物品收纳区 ◄

芮姐，你家的饮水机水箱好大啊！

❹

奶茶好了，大家都来尝尝，可以自己加糖。

❺

▷ 饮水机

接下来一组案例属于餐厅区域面积较大、餐边柜结合饮水区的形式，属于市面上比较常见的类型。

案例 3. 左山家的餐厅

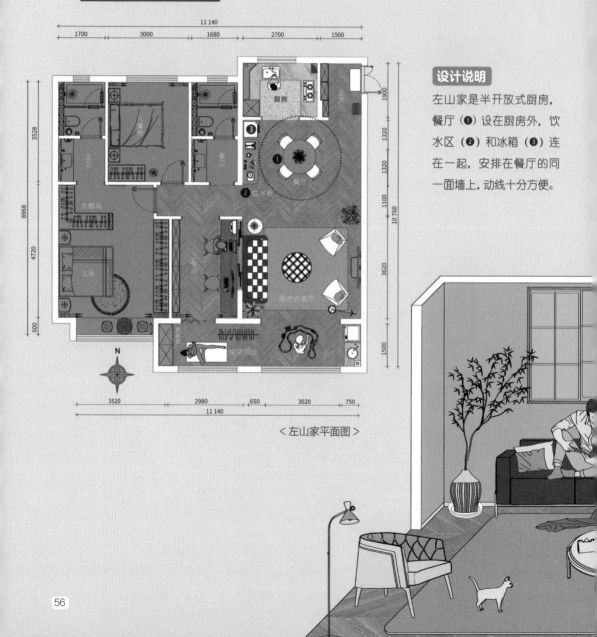

设计说明

左山家是半开放式厨房，餐厅（❶）设在厨房外，饮水区（❷）和冰箱（❸）连在一起，安排在餐厅的同一面墙上，动线十分方便。

< 左山家平面图 >

●小贴士

一个好的布局和功能分布会潜移默化地影响一家人的生活习惯。

居住人画像

左山家自从有了这个便利的饮水区，每天一杯咖啡成了开启夫妻二人美好一天的日常习惯。他们还会根据季节的不同来冲泡不同种类的茶叶，一面 **1.6 m** 长的饮水区可以收纳下他们一家人所有的饮水器具和囤货物品。

饮水机

常用茶饮器具

小家电

< 左山家生活场景 >

常用瓶瓶罐罐

常用茶饮器具

1.6 m

会儿，妈妈。

饮水柜

囤货

不常用物品储物区

楠楠，来拿自己的牛奶！

案例4.方女士家的餐厅

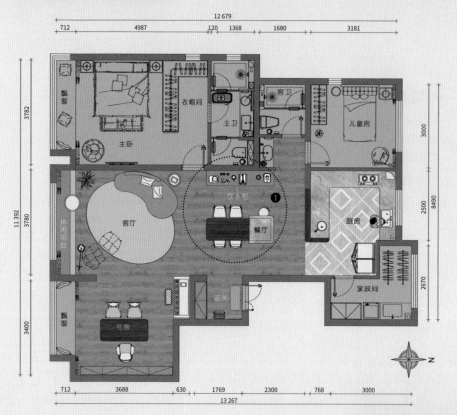

<方女士家平面图>

不常用物品收纳口

常用物品收纳口

常用茶饮器具

姐姐,等一下,
我去喝点水!

居住人画像

方女士是一位律师，性格开朗，还很有趣。她的朋友一到周末就来做客，大家围坐在餐桌旁喝茶、吃糕点，客厅便成了孩子们玩乐的聚集地。方女士喜欢收藏，尤其酷爱收藏中古水杯，为此我们特意在餐厅为她设计了一大面墙的收纳区，以便收纳下她所有的藏品。

设计说明

方女士收藏的水杯比较多，并为此专门设计了收纳区，无论是卧室还是客厅到饮水区喝水都非常方便。一进门就可以看到饮水区（❶），小设计中融入着自己的喜爱，还能提醒自己和家人多喝水。

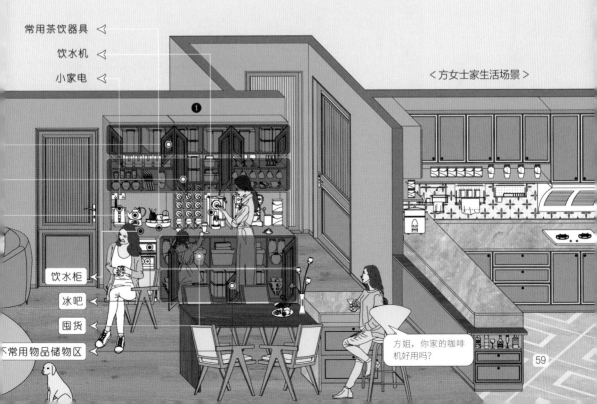

常用茶饮器具 ◁
饮水机 ◁
小家电 ◁

< 方女士家生活场景 >

❶

饮水柜 ◁
冰吧 ◁
囤货 ◁
常用物品储物区 ◁

方姐，你家的咖啡机好用吗？

案例 5. 静姐家的餐厅

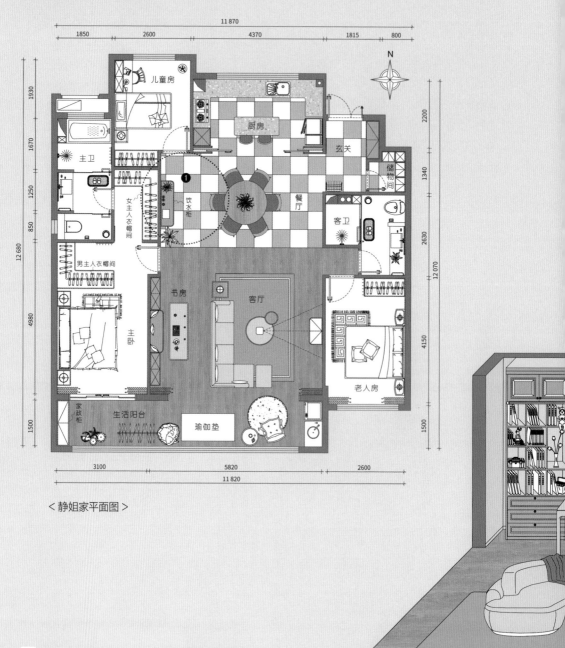

< 静姐家平面图 >

居住人画像

每当孩子们安静地做着自己的事情时,静姐都会暖心地为他们倒好温水。静姐说:"一看到孩子,我就会不由自主地说一句'去喝水',孩子们好像也被迫养成了爱喝水的习惯。因为挨着客厅近,他们有时候还会自己去倒水。"

设计说明

静姐家的饮水区就设置在餐厅的一面墙上(❶),也可以当餐边柜来用,别看柜体不大,功能却不小。

常用茶饮器具

小家电

饮水机

装饰画

＜静姐家生活场景＞

哥,还没写完吗?

宝贝,小心一点哦!

饮水柜

不常用物品储物区

囤货

案例6. 潘先生家的餐厅

居住人画像

潘先生家是由我的朋友小K设计的，户型比较特殊，主卧在东南角，厨房和阳台在西北角，餐厅没有可以设置饮水区的空间。如果把饮水设备都放在厨房或最北面的阳台，那么从卧室出来倒水，最远距离实测将近20 m。

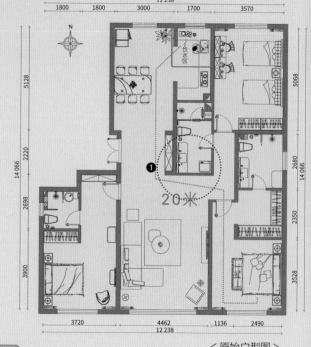

〈原始户型图〉

〈生活场景〉

嵌入式饮水机↑

常用茶饮器具↑

小家电↑

常用茶饮器具↑

小家电↑

不常用物品收纳区

常用物品收纳区

饮水柜

小贴士

设计没有谁对谁错，只有适不适合，需要用户和设计师一起寻找更好更优的解决办法。

囤货

不常用物品储存区

62

设计说明

小 K 的理想方案是把饮水区（❶）设在餐厨中间的公共过道上，这样饮水区就在家的中间位置，无论从哪个房间出来取水都很方便，孩子自己出来倒水喝，家长也可以看到，万一孩子操作不当，家长也能及时制止。不过潘先生一家有自己的考虑，没有采纳这一方案，小 K 尊重业主的生活方式和选择。

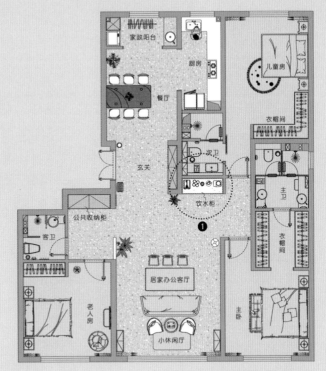

< 小 K 为潘先生家设计的布局 >

< 生活场景 >

小心，妈妈帮你拿！

妈妈，我够不到杯子！

案例 7. 马先生和林女士家的餐厅

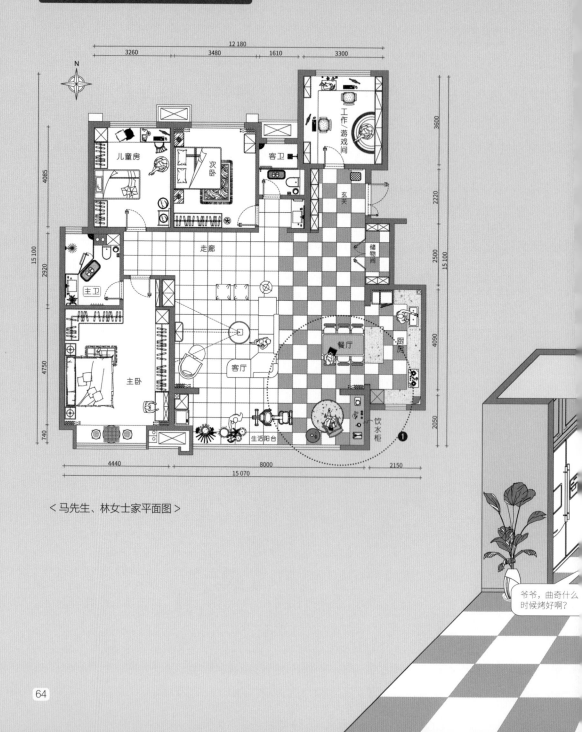

< 马先生、林女士家平面图 >

爷爷，曲奇什么时候烤好啊？

设计说明

这是典型的大横厅布局，客厅、餐厅、厨房都在南面，而且客厅还有独立阳台，我们把饮水区就设在阳台上（❶）。在这样的房子里，饮水区不仅有供人饮水的功能，更重要的是，它结合了休闲椅和绿植，营造了一种角落里的氛围感：一种可以喝着咖啡，感受外面风景的情调；或是一种置身"城市小森林"，一边晒着太阳，一边看书，时不时续上茶水的惬意。

居住人画像

马先生最喜欢的生活场景是：下班后，自己坐在窗前的休闲椅上，一边看书，一边看着一家老小在房间里欢聚的情景。时不时有孩子过来让爸爸帮忙倒水喝，每每此时，马先生都倍感幸福和满足。

< 马先生、林女士家生活场景 >

马上就烤，一个小时后宝贝就能吃上啦！

常用茶饮器具
饮水机
小家电
常用茶饮器具

不常用物品收纳区
常用物品收纳区
洞洞板挂区

饮水柜
冰吧
不常用物品储物区
囤货

第二节 把 $2\,m^2$ 小酒馆搬进家

仪式感

这些年"仪式感"这个词好像被提及得很多，在家居圈更是被频繁用来描述那些特殊而又让人期待的美好时刻。大家怎么理解"生活要有仪式感"？到底什么样的生活才是有仪式感的生活？

我想每个人心中对"仪式感"都有自己的认识和理解，它涵盖的范围很广，遍布我们生活的方方面面。本书的一些内容也会用到这个词，目的是加深大家对所描述场景的理解。本节只想跟大家聊聊在家居生活中，我对于"仪式感"的理解。

从空间的角度出发，我们设定某些特定的功能区域是为了提醒自己，要时不时地为自己或家人创造一些有仪式感的时刻。从生活的角度出

> **仪式感公式**
>
> 仪式感 = 有乐趣 + 有情趣 + 多样化
> 有仪式感的家 = 能容纳下你所有的兴趣爱好

发，我认为**有仪式感的生活就是有乐趣的、有情趣的、多样化的生活**。就一所房子而言，**它如果能容纳下你所有的兴趣爱好**，那么你的家居生活就会天天充满"仪式感"。

比如接下来将要呈现的设计场景，对于喜爱茶艺、咖啡或者迷恋香薰，同时希望有独立空间能容纳这些生活趣味的人来说，想必会有很大的吸引力。那么，快翻开看看吧！

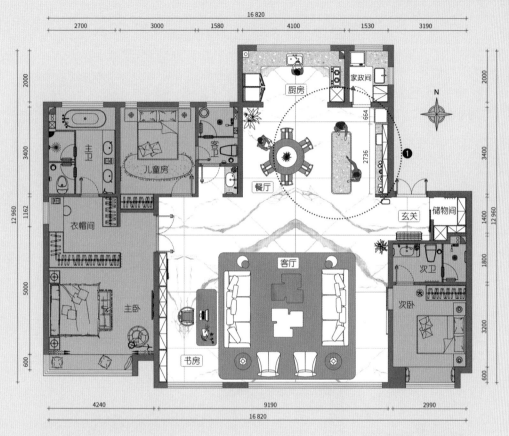

<230 m² 户型平面图>

设计说明

他家房子面积有 **230** m²，空间充足，因此男女主人特意划分出了一块儿区域作为水吧台（**❶**）。这块区域对这个家庭来说很重要，除满足夫妻俩日常所需外，也可以作为他们招待众多朋友的社交场地。

小贴士

值得注意的是，他家的操作收纳区占地不到 **2** m²，也就是说，有些看似"高不可攀"的设施并不是大房子的专属品。

中小户型一样可以拥有类似的操作收纳区（❶❷❸❹）。

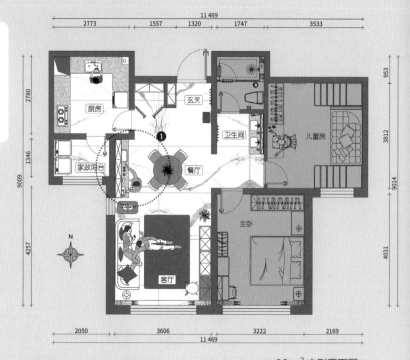

< 89 m² 户型平面图 >

< 118 m² 户型平面图 >

< 135 m² 户型平面图 >

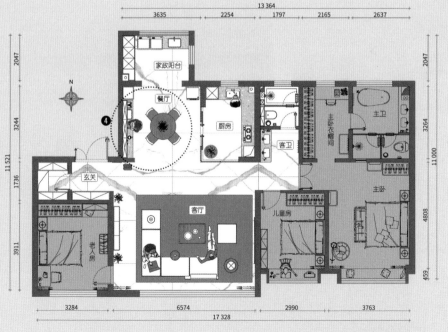

< 165 m² 户型平面图 >

以上列举了一些比较常见的户型，接下来具体看一下专属的**家庭小酒馆**区域是如何设计和收纳的。下方给出了收纳细则图解，大家可以根据自己的收纳习惯酌情调整。

<小酒馆区域生活场景>

设计说明

这块区域分成了 3 个功能区，分别是调酒区（❶）、咖啡区（❷）和茶艺区（❸）。如果担心落灰不好打理，顶柜收纳区也可加装柜门。

<小酒馆区域详细规划>

< 家里空间大的话，可以搭配长吧台使用 >

< 如果家里空间面积不是很大，
也可搭配餐桌使用 >

小贴士

此处所画场景尺寸是
以本节第一户为例。
小户型可以适当把每
个功能区域缩小，以
适配自家户型。

　　有时生活是否有乐趣并不在于房子的大小，
不要因为房子面积小就降低对生活品质和广泛
爱好的追求。要知道，通过合理的规划和设计，
我们的房子总能容纳下我们对生活的热情和期
待——只要你肯花心思去构想。

第四章

厨房布局

——好用的厨房就是好厨房

适合你家的就是好用的

每个家庭对于"好用"都有自己的定义，有人关注的是操作动线，有人在乎的是功能性（比如要有更多的收纳空间，要有足够多的电器设备，等等），还有人注重的是做饭时是否能与家人互动交流。

当然，厨房好不好用，是不分面积大小的：大有大的好处，空间大，容量也大；小也有小的高效，只需一伸手、一转身，就可以轻松操作。厨房好不好用，也不分形式，不管是开放式、封闭式，还是岛屿式、"面对面式"，只有适合你家的才是好用的。有的形式即使再流行，可空间有限做不了也是没有意义的，不必为此苦恼纠结。

总之一句话，适合的就是好用的。

如果用一句话形容"到家了"，你会怎么形容？

① 推开门的一刹那，狗狗们都前赴后继地扑过来。

② 一推开门就闻到了爸妈做饭的味道。

③ "老婆，我回来了！""回来啦，洗手吃饭吧！"

④ "妈妈，我想吃……"

⑤ "爸，我妈呢？""买菜去了。"

回家吃饭好像成了我们忙碌一天后最期盼的时刻，那迎面扑来的烟火气也是最治愈暖心的"良药"，一句"吃饭呢，有什么事儿明天再说吧"，就让我们疲惫的身心瞬间从忙碌的工作中抽离出来。

家里的烟火气离不开厨房。曾经跟朋友聊天，大家是这么形容厨房在家里的重要性的：

① "没有厨房的家就像是酒店，即便是五星级，住久了也会腻。"

② "怎么能没有厨房呢？家里没有了'烟火'，就会有'战火'。"

果然生活的哲学都来源于生活啊。本章我们就来聊聊厨房。

不同面积的厨房该怎么布局呢？接下来我以一些常见户型为例，按照厨房面积大小分类讲解。图中各个功能空间都标明了详细尺寸，请大家仔细观读，相信总会找到适合你的。

第一节 # $4 \sim 6\,m^2$ 厨房的 36 种布局

　　厨房按布局形式可以分成 4 类，分别是一字形布局、双一字形布局、L 形布局和 U 形布局。

布局 1. 一字形布局

　　一字形布局和双一字形布局这两种是封闭式厨房。这类厨房布局的适宜面宽最好不要小于 1.5 m，也就是说，人可以活动的空间距离不小于 0.9 m。再小的话，无论是转身还是下蹲，都会觉得非常拥挤。

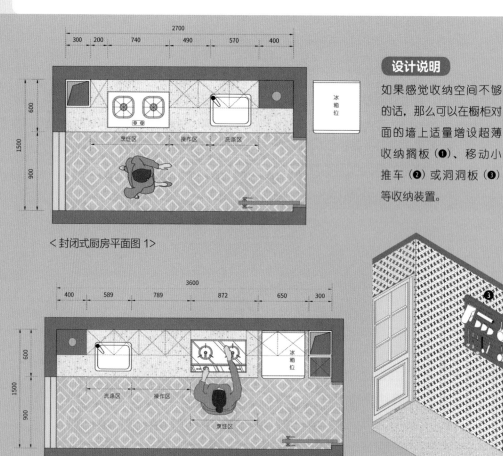

< 封闭式厨房平面图 1 >

< 封闭式厨房平面图 2 >

设计说明

如果感觉收纳空间不够的话，那么可以在橱柜对面的墙上适量增设超薄收纳搁板（❶）、移动小推车（❷）或洞洞板（❸）等收纳装置。

如果最小面宽小于 **1.5m**，那么可以的话建议打掉一面墙（要注意是非承重墙），做成开放式厨房，让厨房与客厅或餐厅相结合，如下图所示4种形式。

•小贴士

值得注意的是，收纳搁板和洞洞板等悬挂高度最好是在家里主要操作人员的视线以上，这样不太占用地面活动面积，操作起来不会磕磕碰碰。

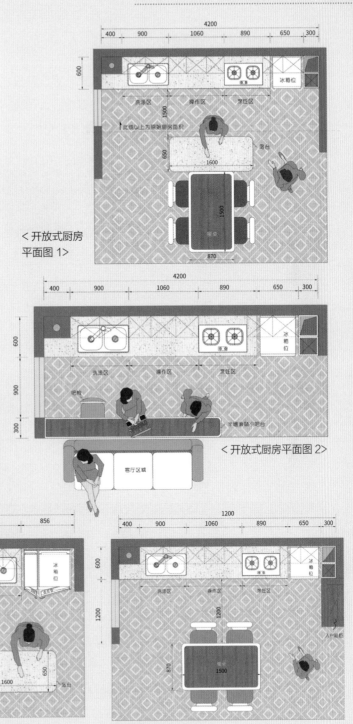

< 开放式厨房平面图 1>

< 开放式厨房平面图 2>

< 开放式厨房平面图 3>

< 开放式厨房平面图 4>

布局 2. 双一字形布局

　　顾名思义，这种布局就是将橱柜、家电等设备设置在厨房过道两侧。如果是做成封闭式厨房，人可活动的空间距离最好不要小于 **0.9** m，如以下 3 种形式：

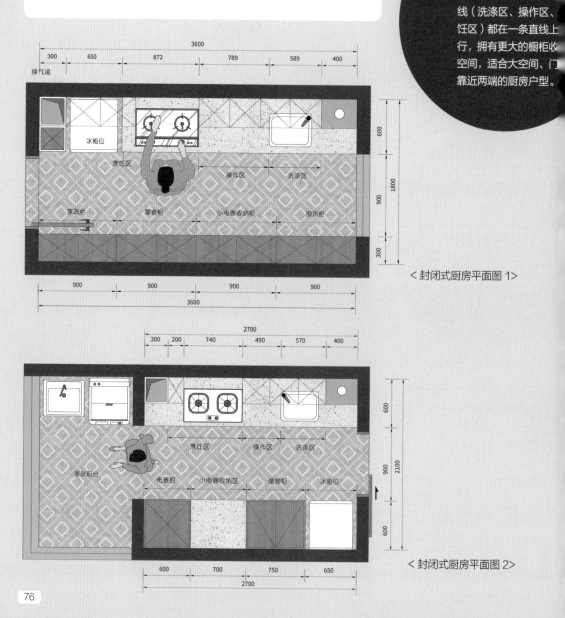

小贴士

双一字形厨房的使用线（洗涤区、操作区、烹饪区）都在一条直线上进行，拥有更大的橱柜收纳空间，适合大空间、门靠近两端的厨房户型。

< 封闭式厨房平面图 1 >

< 封闭式厨房平面图 2 >

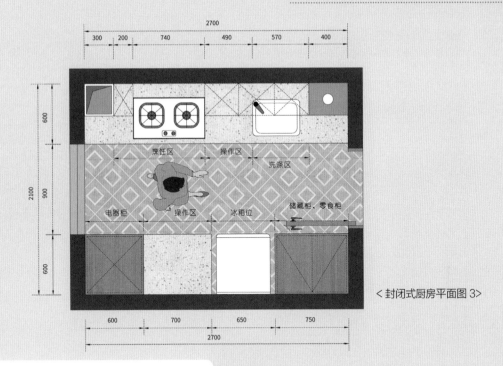

＜封闭式厨房平面图 3＞

也可做成开放式：

＜开放式厨房平面图＞

也可设计成半封闭式，如下面两种形式：

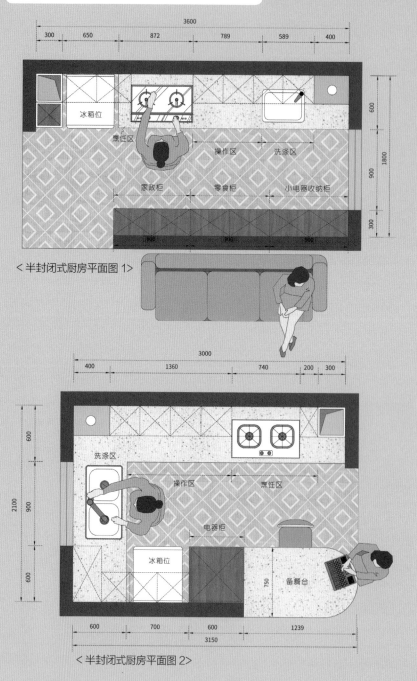

< 半封闭式厨房平面图 1>

< 半封闭式厨房平面图 2>

布局 3. L 形布局

这类布局在市面上属于小面积厨房中比较常见的类型，原始空间的形式多种多样。下面列举了一些有代表性的案例，供大家参考。

以下 4 种是封闭式设计：

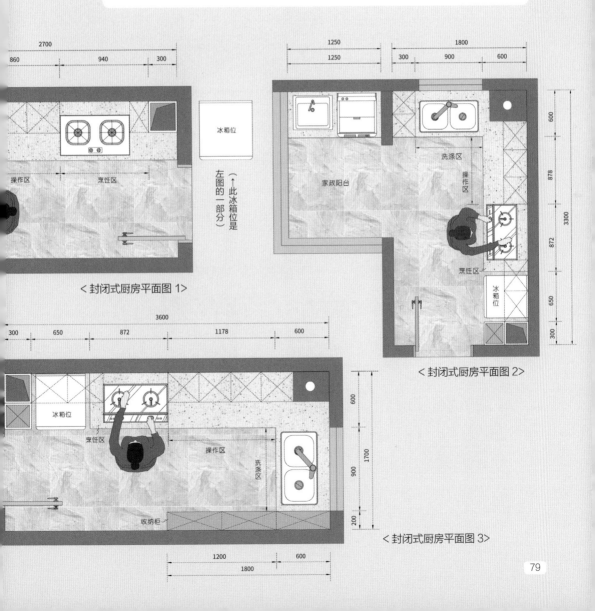

〈封闭式厨房平面图 1〉

〈封闭式厨房平面图 2〉

〈封闭式厨房平面图 3〉

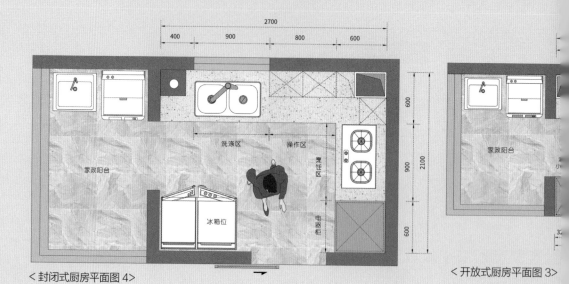

< 封闭式厨房平面图 4>

< 开放式厨房平面图 3>

以下 4 种是与餐厅相连的开放式设计：

< 开放式厨房平面图 1>

< 开放式厨房平面图 2>

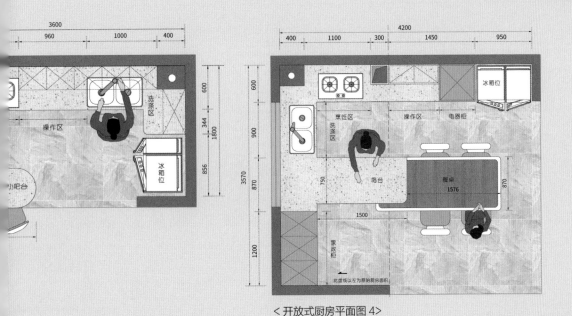

<开放式厨房平面图 4>

布局 4.U 形布局

这类布局想必是大家都渴望拥有的布局类型了，除了能最大限度地收纳储物外，还能实现时下比较流行的"岛屿式""面对面式"等类型的厨房。

首先依然先展示封闭式设计：

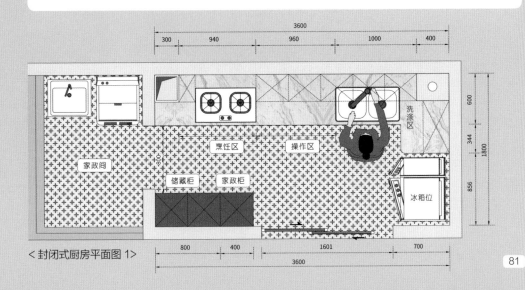

<封闭式厨房平面图 1>

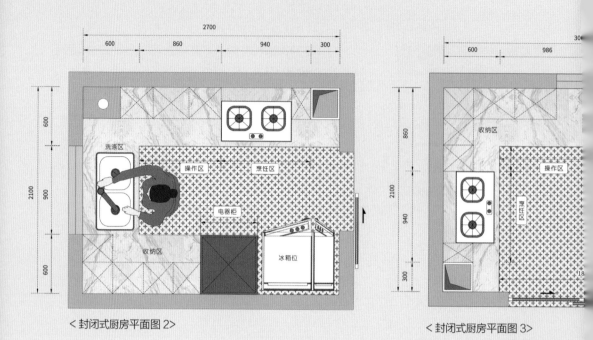

2700

600 860 940 300

2100

600

900

600

洗涤区

操作区 烹饪区

电器柜

收纳区

冰箱位

＜封闭式厨房平面图 2＞

30

600 986

860

收纳区

2100

940

操作区

烹饪区

300 18

＜封闭式厨房平面图 3＞

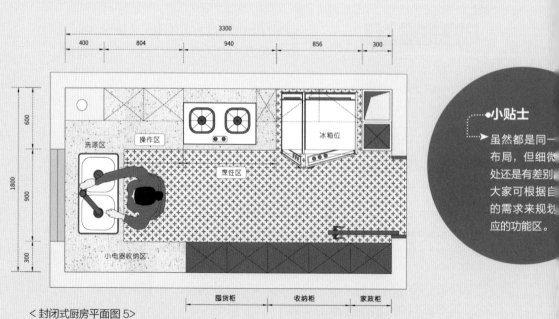

3300

400 804 940 856 300

600

洗涤区 操作区

1800

900

烹饪区

冰箱位

300

小电器收纳区

囤货柜 收纳柜 家政柜

＜封闭式厨房平面图 5＞

•小贴士

虽然都是同一
布局，但细微
处还是有差别
大家可根据自
的需求来规划
应的功能区

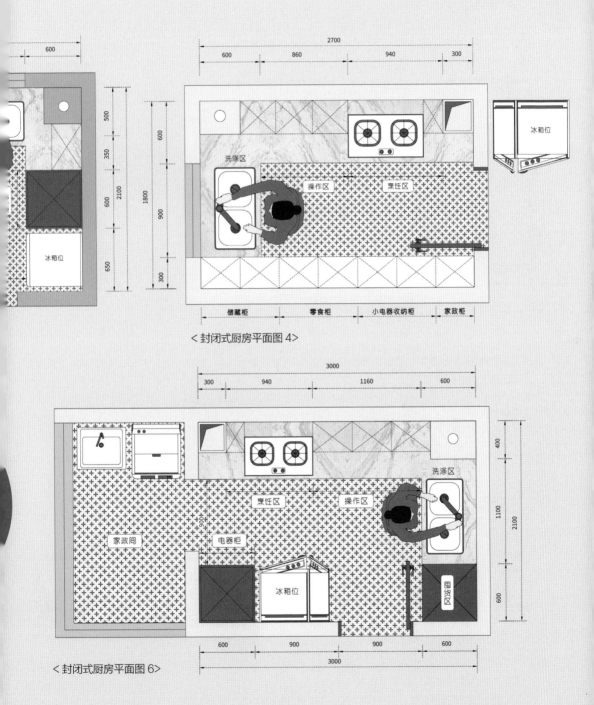

＜封闭式厨房平面图 4＞

＜封闭式厨房平面图 6＞

其次再展示半开放式设计：

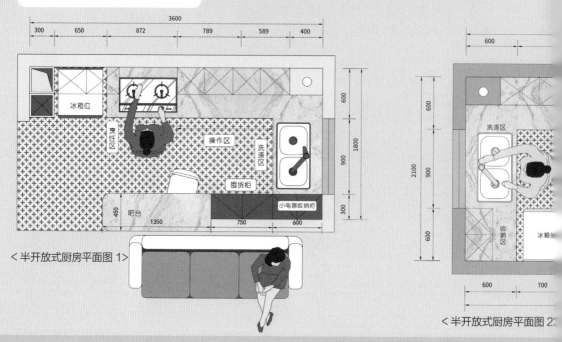

< 半开放式厨房平面图 1>

< 半开放式厨房平面图 2>

最后展示全开放式设计，一般与餐厅相结合：

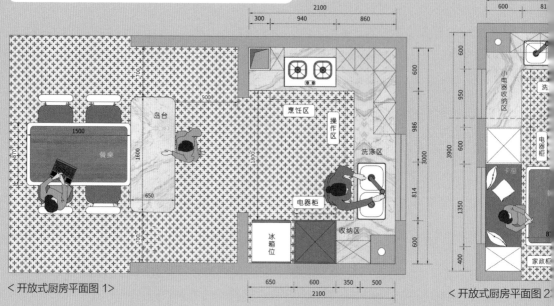

< 开放式厨房平面图 1>

< 开放式厨房平面图 2>

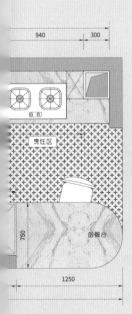

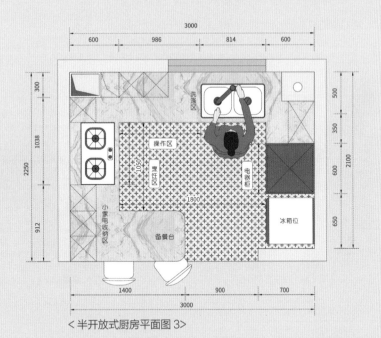

<半开放式厨房平面图 3>

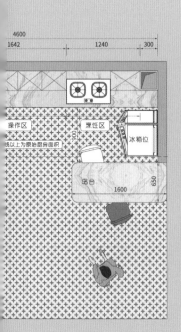

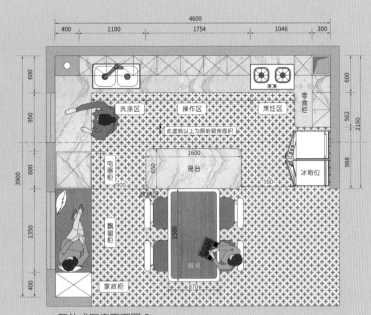

<开放式厨房平面图 3>

只要规划得当，小厨房里也能有大乾坤，
希望大家都能找到适合自己的厨房布局方式。

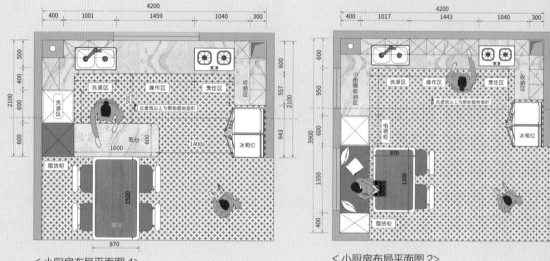

‹小厨房布局平面图 1›　　　　　　　　　　　　‹小厨房布局平面图 2›

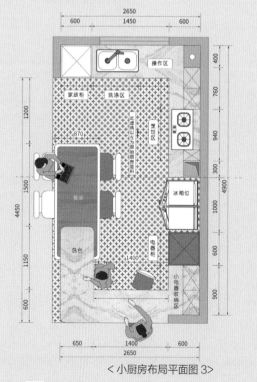

‹小厨房布局平面图 3›

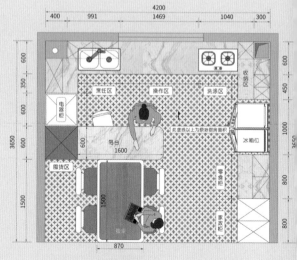

‹小厨房布局平面图 4›

第二节

7 ~ 10 m² 厨房的 21 种布局

这个面积范围的厨房可发挥的空间就很大了。首先，储纳空间是足够的。其次，人的活动空间也会适度增大，可以按动静分区来布置，也可以按功能区域来划分，可塑性很强，让人操作起来更加舒适流畅。

本节同样是按以下 4 种布局形式分类：一字形布局、双一字形布局、L 形布局和 U 形布局。

布局 1. 一字形布局

细长形厨房，橱柜一字排开，所有电器设备一目了然，清爽直接。

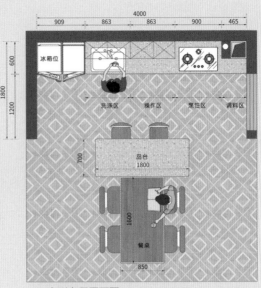

<一字形布局平面图 1>

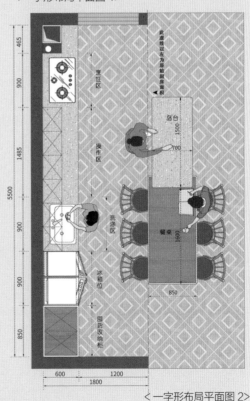

<一字形布局平面图 2>

布局 2. 双一字形布局

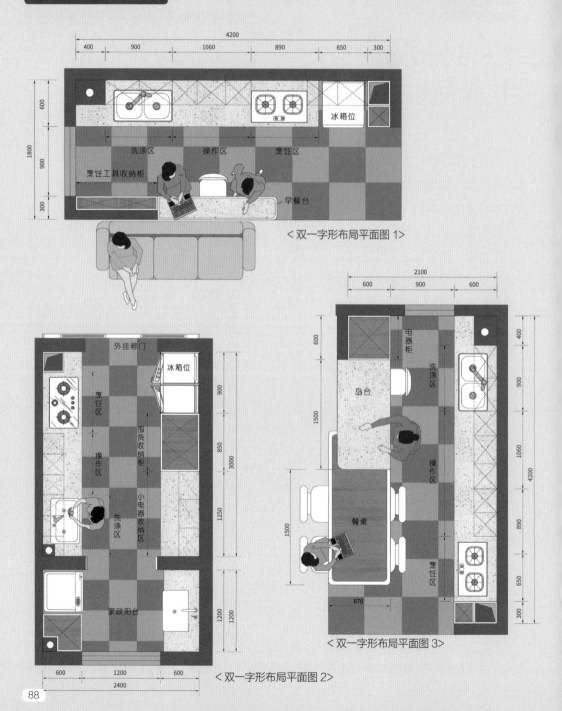

< 双一字形布局平面图 1>

< 双一字形布局平面图 2>

< 双一字形布局平面图 3>

布局 3.L 形布局

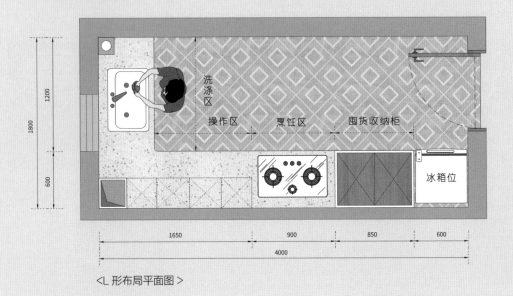

洗涤区

操作区　　烹饪区　　囤货收纳柜

冰箱位

1200
1800
600

1650　　　900　　　850　　　600
4000

<L 形布局平面图>

布局 4.U 形布局

可以是封闭式：

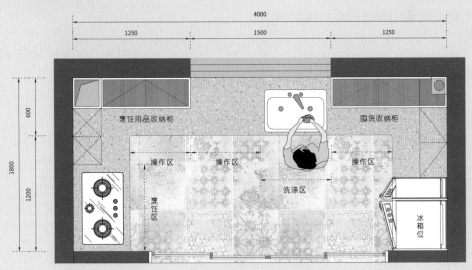

4000
1250　　　1500　　　1250

烹饪用品收纳柜　　　　　囤货收纳柜

操作区　　操作区　　操作区

烹饪区　　洗涤区

冰箱位

600
1800
1200

<封闭式厨房平面图>

也可以是全开放式：

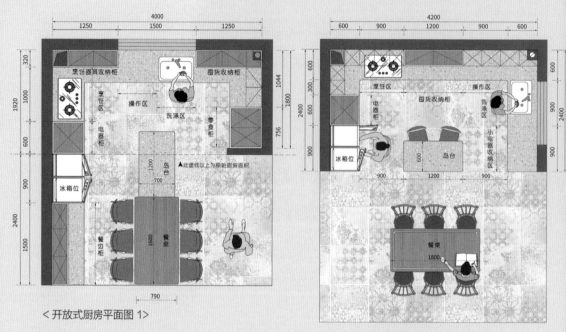

<开放式厨房平面图 1>

<开放式厨房平面图 2>

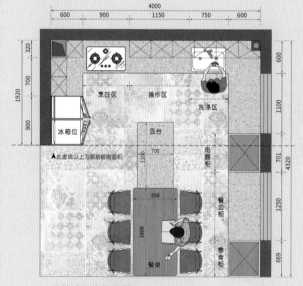

<开放式厨房平面图 3>

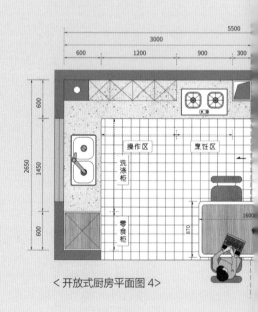

<开放式厨房平面图 4>

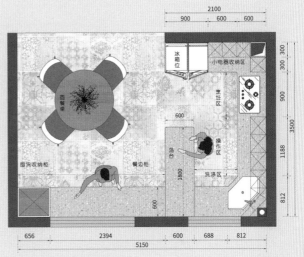

< 开放式厨房平面图 5 >

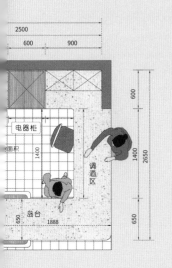

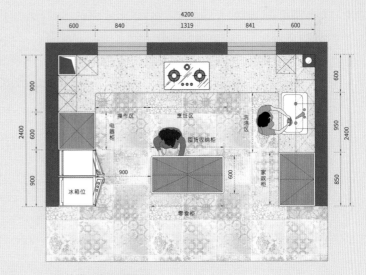

< 开放式厨房平面图 6 >

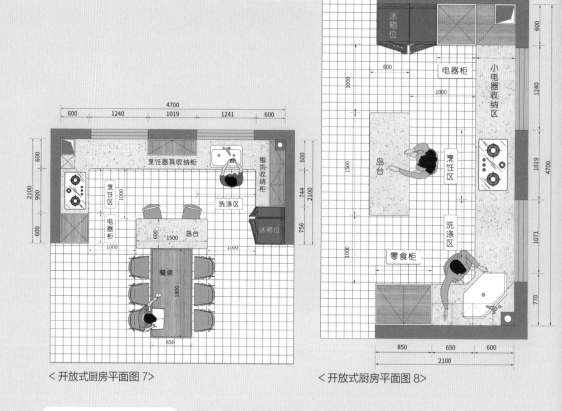

< 开放式厨房平面图 7 >

< 开放式厨房平面图 8 >

可以是可开可合的：

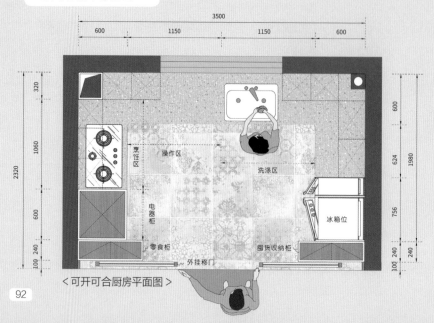

< 可开可合厨房平面图 >

也可以是动静分区的：

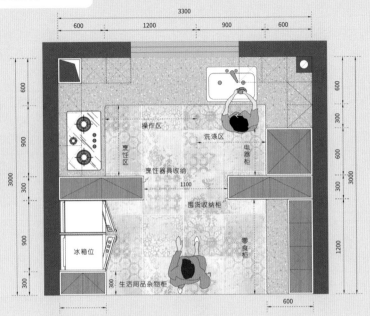

<动静分区厨房平面图>

当然也可以划分出独立小空间做储物间：

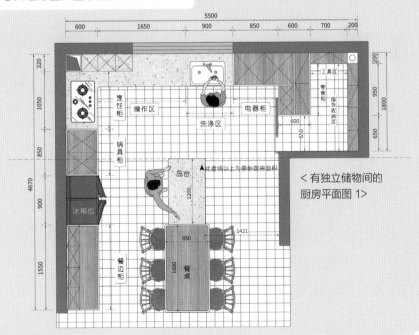

<有独立储物间的
厨房平面图1>

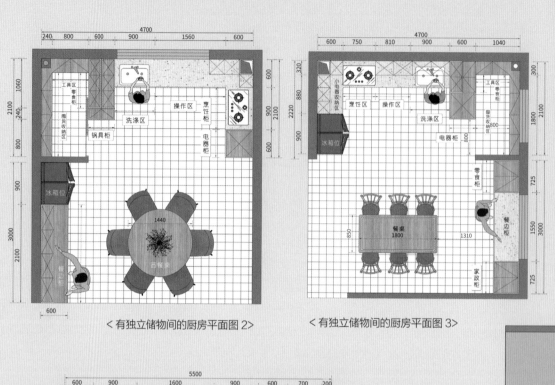

< 有独立储物间的厨房平面图 2>

< 有独立储物间的厨房平面图 3>

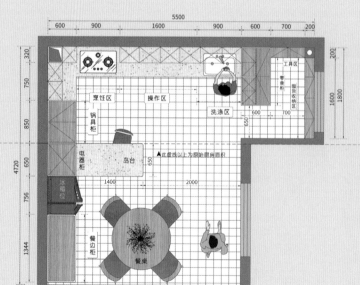

< 有独立储物间的厨房平面图 4>

< 开放式厨房生活场景

第三节　开放式厨房的几种玩儿法

想必大家在装修之初，对于厨房做成开放式还是封闭式，都会有所考虑吧。封闭式厨房不必多说，很多人会采用煎炒烹炸的做饭方式，担心油烟满屋跑会呛到家人，或者有的人家里户型不具备做开放式厨房的条件，也会选择做封闭式厨房。当然，无论厨房是哪种形式，都不耽误为家人准备好一道道美味可口的饭菜。本节为了呼应主题，选取了前面章节的几个典型案例，一起来看看开放式厨房的几种日常玩儿法。

玩儿法 1. 周一日常晚餐准备

生活场景 1

妈妈忙着做饭，爸爸处理周一的工作纪要，孩子们则该写作业的写作业，该玩儿的玩儿，大家一起期待美味的晚餐。

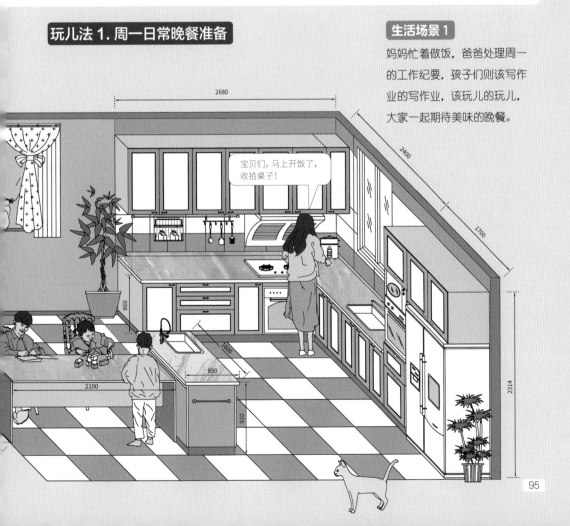

玩儿法 2.
周二饭后亲子时光

生活场景 2

妈妈准备水果，爸爸负责制定游戏规则，全家参与比赛，胜利者还有奖励哦！

〈开放式厨房生活场景 2〉

玩儿法 3.
周三闺蜜们带娃来聚餐

生活场景 3

孩子们其乐融融地玩耍，大人们各显身手，张罗午饭。

〈开放式厨房生活场景 3〉

玩儿法 4.
周四带上水果去
同事家"稳居"

装修的时候确实
花了不少心思！

生活场景 4

餐厨一体式大空间，
做饭聊天两不误。

< 开放式厨房生活场景 4 >

刘姐，你家
的装修风格
特别温馨！

玩儿法 5.
周五"烘焙日"

生活场景 5

晚饭过后全家齐
动员，孩子高兴，
大人放松。

爸爸，我明天可
以带去学校跟同
学们分享吗？

当然没问题，
宝贝！

< 开放式厨房生活场景 5 >

玩儿法 6.
周六邀请孩子要好的同学
和家长来家里喝下午茶

生活场景 6

大家一起品尝前一天
准备好的小糕点。

< 开放式厨房生活场景 6>

玩儿法 7.
周日邀请爷爷奶奶或
姥姥姥爷来家里做客

生活场景 7

享受每周一次的
团圆时刻。

< 开放式厨房生活场景 7>

玩儿法 8. 生日派对

生活场景 8

火锅、无烟烧烤、生日歌……这些美味与快乐给生活增添了色彩，是全家人共同期待的时刻。

<开放式厨房生活场景 8>

玩儿法 9. 参观

生活场景 9

时不时有准备装修的朋友会来家里参观、"取经"。这时你可以侃侃而谈，讲述你的生活观和装修宝典。

<开放式厨房生活场景 9>

第五章
主卧室设计
——主卧室的五大功能区

关键词

收纳 + 灵活

保证高质量的生活

卧室不只是用来睡觉的地方，还需要做好收纳设计和应对未来生活的规划。比如衣柜、床头柜等，设计好了，不但可以提高卧室颜值，还可以方便拿取衣物，节省动线。此外，梳妆台的设计对有些家庭来说也可以起到"分流"卫生间部分功能的作用。至于说应对未来生活的规划，是因为有些家庭未来会有人口增加的计划，因此卧室中需要做好未来的预案，以便到时可以快速适应此变化。

通常情况下，我们会把家里面积最大的一个卧室叫作"主卧室"。一般户主住在主卧室，有些家庭因为特殊需求，会把主卧室让出来给老人住，也有主卧室给孩子住的。那么，说到卧室设计，大家有什么想法呢？

① 可能有人会说："卧室有什么可设计的，睡觉的地方，无非就是摆上床和衣柜。"

② 也有人会说："睡觉可是件大事儿，床垫儿和床品一定要舒服。"

③ 还有人说："窗帘一定要遮光性好，夜里有一丁点儿光我都睡不着觉。"

④ 当然也会有人说："卧室的灯光一定要有氛围感，不能太暗，也不能太亮。"

可见，大家对卧室的关注点都不尽相同。卧室设计是保证高质量生活的重要条件，但好像很少有人会提及有关卧室的布局和功能配置方面的问题。是布局不重要吗？还是认为卧室没什么可设计之处？

这里描述几个家庭生活中可能出现的场景，看看大家有没有碰到过类似情况，以及是如何处理的。

① 场景一：一般情况下，睡衣、家居服、内衣或打底衫等秋冬季节不用每天都换洗的衣物，在更换之后你会放在哪里？

② 场景二：工作日，孩子、大人忙着洗漱完去上班、上学，卫生间轮流使用，而你恰巧又需要在同一时间段化妆，长时间霸占浴室柜区域，往往是你催我、我催你。

③ 场景三：卧室没有提前预留空间，婚后有了孩子，或几年后有了二孩，需要在主卧室加个婴儿床，结果却挤不进去，即便硬挤进去，也会影响其他功能空间的使用。

④ 场景四：衣柜明明有柜门，而且窗户平时也不是大敞四开的，为什么衣柜里每隔几天就有一层灰呢？

基于以上情况，本章为大家推荐几种全方位无死角的卧室布局。当然，不同的卧室，尺寸不同，会有与之对应的布置方法。总的原则就是：收纳方便，减少家务，最好还要有一些长远性的考虑，以备不时之需。

接下来以较为常见的面积为 $12 \sim 15 \ m^2$ 的卧室为例，更大面积的卧室依然可以按照上述规划原则进行布置。

第一节 12～15㎡的主卧室布局

布局1

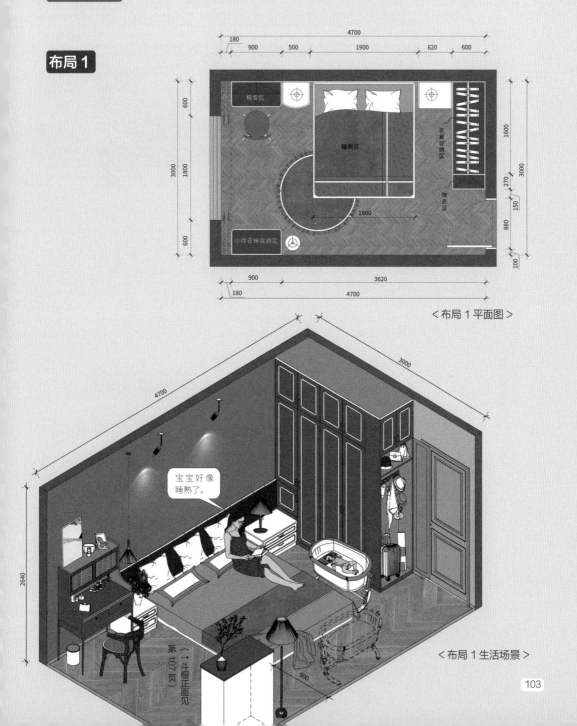

＜布局1平面图＞

＜布局1生活场景＞

宝宝好像睡熟了。

（斗橱正面见第107页）

103

布局2

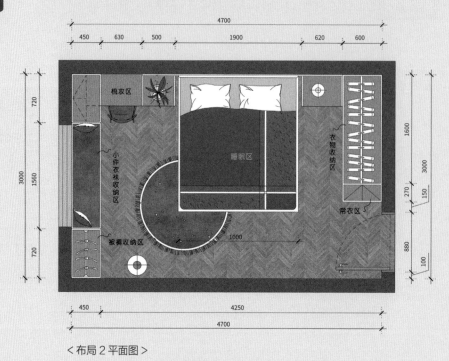

<布局2平面图>

宝贝们，明天我们带姥姥去公园野餐吧!

<布局2生活场景>

布局3

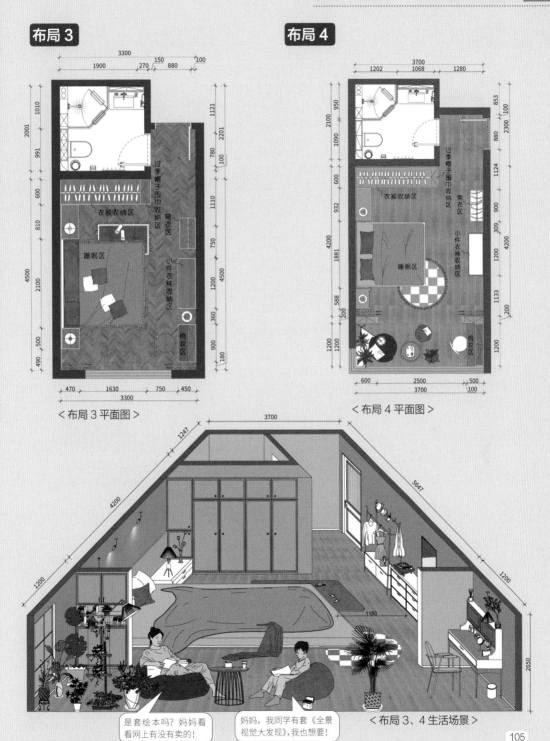

< 布局3平面图 >

布局4

< 布局4平面图 >

< 布局3、4生活场景 >

是套绘本吗？妈妈看看网上有没有卖的！

妈妈，我同学有套《全景视觉大发现》，我也想要！

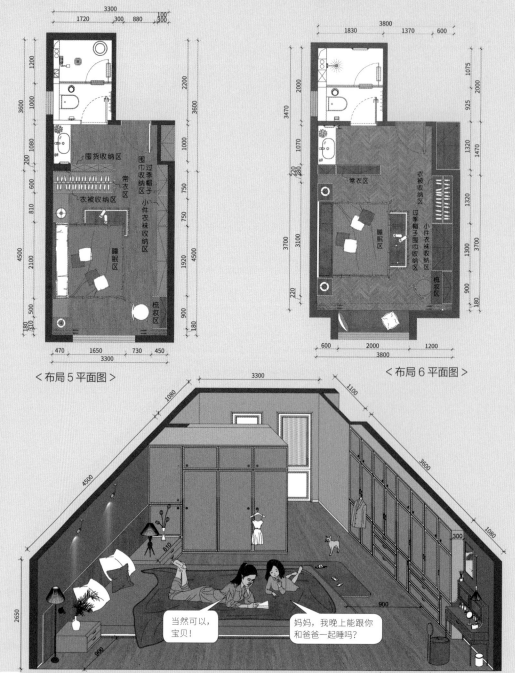

布局5

3300
1720　300　880　100　200

1200
3600　1000
2200
3600

围货收纳区
围巾收纳区
过季帽子
衣被收纳区
常衣区
小件衣袜收纳区
睡眠区
梳妆区

4500　2100　810　600　200　1080
1000　750　750　1920　4500　900　180

180　310　500

470　1650　730　450
3300

〈布局5平面图〉

布局6

3800
1830　1370　600

2000
3470　1070
1075　2000　925　1470

常衣区
衣被收纳区
过季帽子围巾收纳区
小件衣袜收纳区
睡眠区
梳妆区

3700　3100　220　220

1320　1470　1320　1300　3700　900　180

600　2000　1200
3800

〈布局6平面图〉

3300　1100

1080　4500
3600
810
300　1080

2650　900　900

当然可以，
宝贝！

妈妈，我晚上能跟你
和爸爸一起睡吗？

〈布局5、6生活场景〉

以上设计需要注意的事项有：

注意事项 1

图中紧挨衣柜的是床头柜，如果两者间距小于 **40 cm**（差不多是一扇衣柜门的宽度），那么衣柜最里面的一格使用起来会很不方便（❶）。因此，可以采用一侧床头柜与衣柜一体式设计（❷）的手法。

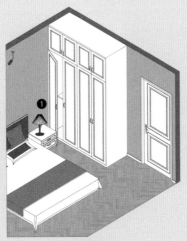

<床头与床头柜场景 1>

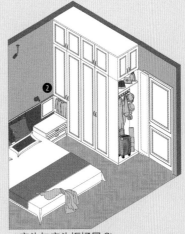

<床头与床头柜场景 2>

<生活场景 5 局部>

注意事项 2

内衣、袜子等更换频率较高的贴身物品，建议与衣柜里的干净衣物分开收纳。可以是衣柜抽屉外露（❸），如布局 5 所示，也可以像布局 1 中那样配备斗橱（❹）。这样就减少了打开衣柜的频率，也延长了衣柜里灰尘堆积的时间，适当地减轻了家务负担。

女士袜子收纳
女士内衣收纳
男士袜子收纳
男士内衣收纳
常用物品收纳

<生活场景 1 中的斗橱正面>

注意事项 3

床两侧走道至少有一侧（❺）宽度不小于 **80 cm**，未来可以更方便舒适地护理宝宝，而且婴儿车的可选择范围也会比较大。

<生活场景 1 局部>

第二节 梳妆台是否多余

　　这里想要强调的是梳妆台的配置。有人觉得它是必备家具，也有人认为梳妆台很多余，买了也会闲置，自己基本不用，习惯性地在卫生间化妆。

　　对于有些家庭来说，梳妆台确实不是必选物件，毕竟每家女主人都有自己的生活习惯。但有时梳妆台可以发挥收纳作用，不光是收纳护肤用品，还有打理头发的物品或电器等，甚至珠宝、首饰、配件等都可以盛得下。如果把这些物品都摆放在卫生间，既不容易收纳，还可能会找不到，很有可能会出现一家人争抢卫生间的情况。

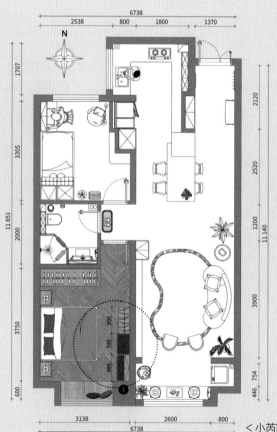

<小芮家平面图>

居住人画像

小芮女士的家是四口之家，有两间卧室、一个卫生间等。卫生间活动空间小，浴室柜一次仅够一人使用。

设计说明1

梳妆台对于小芮家来说很重要，不光小芮自己用，她梳妆好以后还可以在这里继续给两个女儿精心打扮。卧室设置一个梳妆区域（❶），可以有效分担卫生间的使用压力，不然小芮的爱人就只能在厨房完成洗漱了。

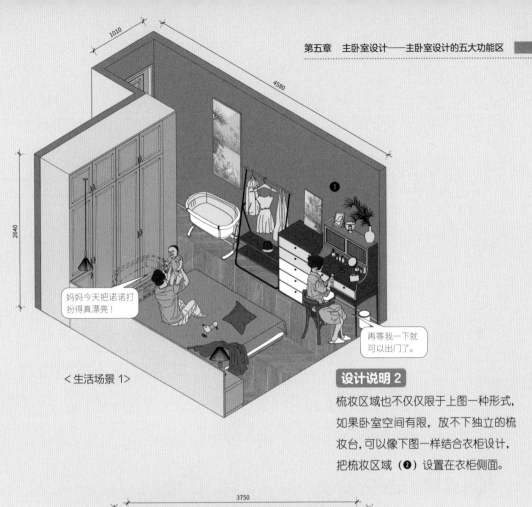

< 生活场景 1 >

设计说明 2

梳妆区域也不仅仅限于上图一种形式,
如果卧室空间有限,放不下独立的梳
妆台,可以像下图一样结合衣柜设计,
把梳妆区域（❷）设置在衣柜侧面。

< 生活场景 2 >

第六章
儿童房布局
——儿童房的六大功能区

关键词

灵活可变 + 适当留白

儿童房要伴随孩子成长

本章与大家分享儿童房的两条设计原则：

一是尽量让房间灵活可变。因为孩子会长大，个性和喜好不是一成不变的，学习任务也会随着年龄增长而有所增加。因此有条件的话，在孩子小时候为他（她）布置房间时就要未雨绸缪，把房间设计得较为灵活，等到孩子能独立睡一间房时，不用大费周折就能轻松改变布局。

二是不必过早地把孩子的房间用家具填满，未来有很大的不确定性，孩子的喜好会在不知不觉中发生变化。给房间适当留白，可以是墙面，也可以是地面，留些空间让他（她）以后自己去发挥吧！

正在阅读本书的你有小孩了吗？是刚新婚不久，虽然现在还没有考虑要孩子，但未来会有打算？还是已经有了一个，打算要第二个？抑或是已经有两个或三个孩子了呢？不论哪种情况，本章都可供你参考。

这里提出几个问题：

① 如果你家要重新设计装修，要给孩子们预留房间，并且孩子们也具备了独立睡一间房的能力，那么孩子的房间布置问题你会征求他（她）的意见吗？

② 你认为孩子喜欢的房间是什么样子的？或者说，作为父母，你为孩子精心布置的房间他们会不会喜欢？

③ 如果你家有两个或两个以上孩子，你认为他们是独立住好，还是同住一间房好呢？

提出这一连串问题不是要探讨育儿观，而是想跟大家探讨一下儿童房的布置问题。

本章将为大家列举几种儿童房的布置方法，是我近几年走访了将近上百个培养出活泼开朗、独立自主又极富创造力的孩子的家庭后总结得出的。

不管是一个孩子独住一间房，还是两个孩子同住一间房，希望这些布局对大家都能有所启发。

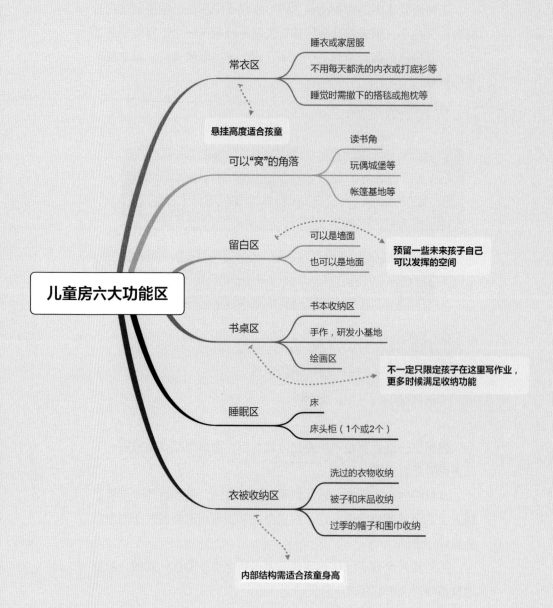

常衣区
睡衣或家居服
不用每天都洗的内衣或打底衫等
睡觉时需撤下的搭毯或抱枕等

悬挂高度适合孩童

可以"窝"的角落
读书角
玩偶城堡等
帐篷基地等

留白区
可以是墙面
也可以是地面

**预留一些未来孩子自己
可以发挥的空间**

儿童房六大功能区

书桌区
书本收纳区
手作，研发小基地
绘画区

**不一定只限定孩子在这里写作业，
更多时候满足收纳功能**

睡眠区
床
床头柜（1个或2个）

衣被收纳区
洗过的衣物收纳
被子和床品收纳
过季的帽子和围巾收纳

内部结构需适合孩童身高

第一节　10 m² 以下的儿童房设计

布局 1. 一个孩子单独住一间房

居住人画像

第一个案例是肆月为她女儿布置的房间，面宽 **2.9** m，进深 **3.4** m。

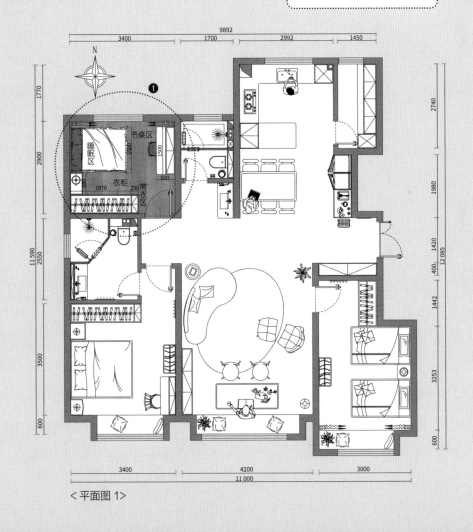

< 平面图 1>

＜生活场景 1＞

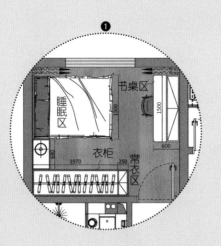

设计说明

虽然只有不到 10 m^2 的空间（❶），但是依旧可以容纳下女儿喜欢的所有的玩偶和手办，每天就是它们伴着女儿入睡。

< 衣柜内部规划 >

小贴士

➤衣柜内部结构可以根据孩子身高变化而随意调整。

宝贝今天做的是蓝色系的，很漂亮哦！

居住人画像

第二个案例是黎女士和白先生的家。黎女士有两个孩子，大儿子已经上高中了，他的房间就是按照上一章主卧室的方式布置的。装修的时候，夫妻俩特意征求了大儿子的意见，让他选择自己喜欢的颜色和软装来装饰他的房间。这次我们主要看下小女儿的房间。

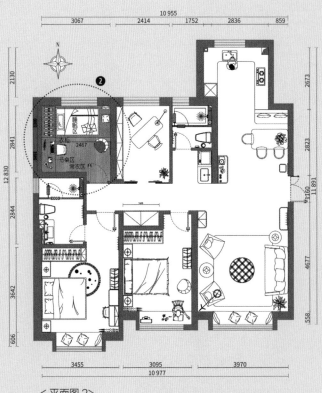

<平面图2>

设计说明

小女儿的房间比较小，是个 **2.8m×3m** 的小空间（❷），夫妻俩近期才开始培养小女儿独立睡觉的能力。为了能让孩子喜欢上为她精心准备的房间，黎女士在功能空间和后期软装上下了不少功夫，虽然空间有限，但是功能齐全。小女儿很喜欢这间儿童房，不过短时间内还需要黎女士陪睡，好让孩子慢慢适应。

<生活场景 2>

布局 2. 暂时一个孩子住一间房，
　　　未来 3 ~ 5 年需要两个孩子住一间房

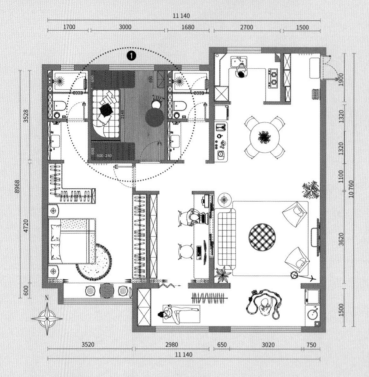

< 平面图 >

哥哥，把木棍儿
还给我，我要玩！

设计说明 1

有些家庭已经有一个孩子，但有要二孩的打算或者已
经有二孩了，大宝已具备自己独立睡一间房的能力，
但是二宝近两三年还需要跟父母同睡，未来打算让两
个孩子同住一间房。这种情况，你会怎样布置孩子的
房间呢？左山和可木家可以给大家提供一个思路。同
样是 **10** m² 左右的小房间（**❶**），面宽 **3** m，进深 **3.5** m，
不但适于大宝现在居住，还为二宝留出了未来的空间。

设计说明2

借鉴上下铺的理念，打造双层睡眠区，下层（❷）暂且不置办床和床头柜。当只有一个孩子独立睡一间房时，他(她)可以睡上铺(很多孩子喜欢睡上铺)，下层则在近几年作为两个孩子阅读玩耍的区域。

<生活场景 1>

<生活场景 2>

设计说明 3

当另一个孩子转移到这间房睡觉时，再选购合适的床（❸❹）和床头柜填充进去。

<生活场景 3>

布局 3. 两个孩子同住一间房

我们再来看两组小面积房间（尺寸详见平面图）如何实现两个孩子共同居住的案例，分别是青尧家和米西姐家。

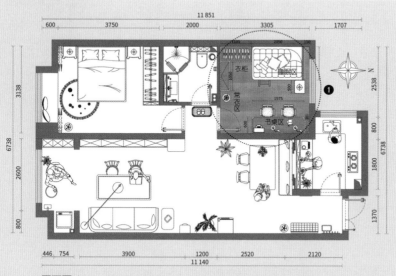

〈平面图 1〉

〈生活场景 1〉

<平面图2>

<生活场景2>

布局4.三孩家庭

三孩家庭的孩子们是怎么居住的？经过走访，无非就是以下这几种方式：

①房子面积够大，可以实现每个孩子都有独立房间。

②最大的孩子一间房，其余两个孩子一间房。

③房间不够，3个孩子共住一间房。

是的，10 m^2 以下的房间，3个孩子也可以一同居住，比如马玲女士家。

居住人画像

马女士家是我见过的为数不多的三孩家庭，从平面图可以看出房子有3间卧室，但房间面积都不大。除了夫妻俩的主卧外，其余两间房可以这样分配：双胞胎女儿住一间，三女儿住另一间。但是马女士却希望尽可能地让孩子们住在一起，一来可以增强姐妹间的感情，二来晚上互相照料也比较方便。

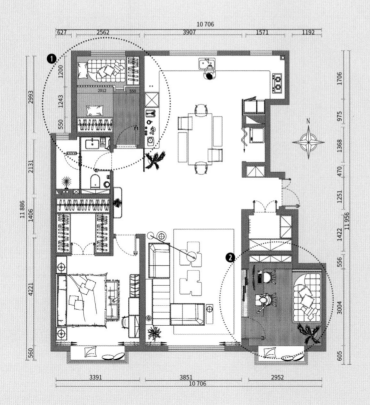

设计说明 1

经过深入探讨并征求孩子意见后，我们在挨着卫生间比较近的房间（❶）里设置了3个床位，把学习桌设置在南面的一间卧室（❷）里，长长的书桌和收纳柜不仅能满足家长辅导孩子们写作业的需求，而且大人偶尔在这里办公也不成问题。除此之外，这间房里也设置了一个床位，以备不时之需。

< 平面图 1>

设计说明2

3张床位（❸❹❺）巧妙地结合了衣柜（❻），不仅满足了日常睡觉和衣物收纳的功能需求，同时这样的布局也成了三个孩子睡前"头脑风暴"的小天地。她们在这里一起打闹嬉戏，玩游戏，直到母亲一声令下，三人才各自回到自己的床位睡觉。

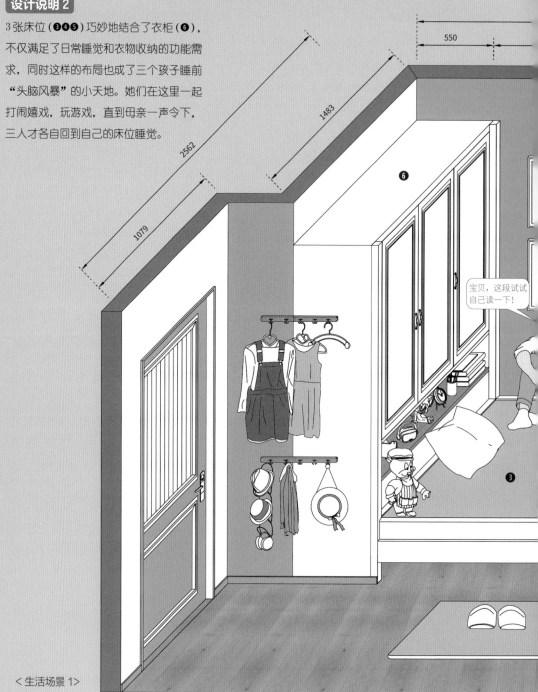

宝贝，这段试试自己读一下！

<生活场景1>

2993

1200

2012

2562

550

300

2700

2400

④

⑤

⑥

设计说明 1

羽墨先生家利用一整面墙打造错位睡眠区（**❶**），同时结合了衣柜（**❷**）和床头收纳功能，以及书桌收纳区（**❸**），对面的墙则设置了读书角（**❹**）和绘本架（**❺**）。这样的布局让原本普通的小房间增添了不少趣味。

设计说明 2

羽墨先生家原本有 4 间卧室，其中一间如今是两个孩子同住的儿童房（❻），大女儿的房间（❼）则依照主卧的设计方式布置。另外，按照他家的生活需求，将其中面积最小也最容易引入下水道的一间卧室改为了衣帽间兼洗衣间（❽），在第九章会详细介绍。

< 平面图 2 >

居住人画像

羽墨医生家也是 3 个孩子，他家的居住情况就是前面所列举的第二种情况，最大的一个女儿独自住一间房，另外两个年龄相差不大的小孩同住一间房。我们主要看看两个小孩的房间布置情况。

< 生活场景 2 >

第二节　10 m² 以上的儿童房设计

空间面积大，会赋予房间更多的功能性和可能性，同时可活动的空间也会相应增多。比如下面两个案例。

案例 1

设计说明

利用窗户所在的那面墙可以轻松打造出卡座阅读角（❶），结合书桌功能，让原本单一功能的学习区增添了额外的功能。

<生活场景1>

<平面图1>

案例2

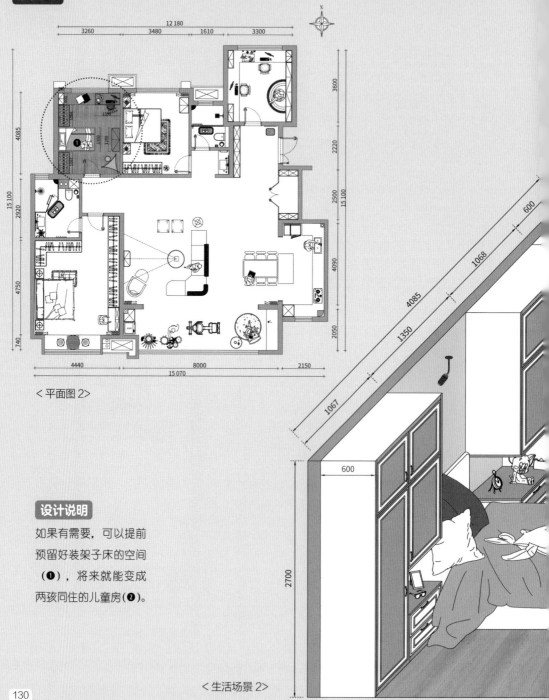

< 平面图 2 >

设计说明

如果有需要，可以提前
预留好装架子床的空间
（❶），将来就能变成
两孩同住的儿童房（❷）。

< 生活场景 2 >

下面为大家介绍几种常见尺寸儿童房的布局方案。

单人儿童房可以这样布局：

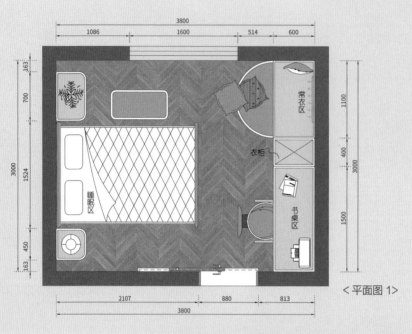

＜平面图 1＞

＜生活场景 1＞

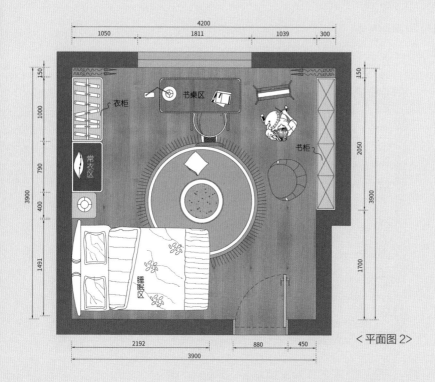

〈平面图2〉

〈生活场景2〉

双人儿童房可以这样布局：

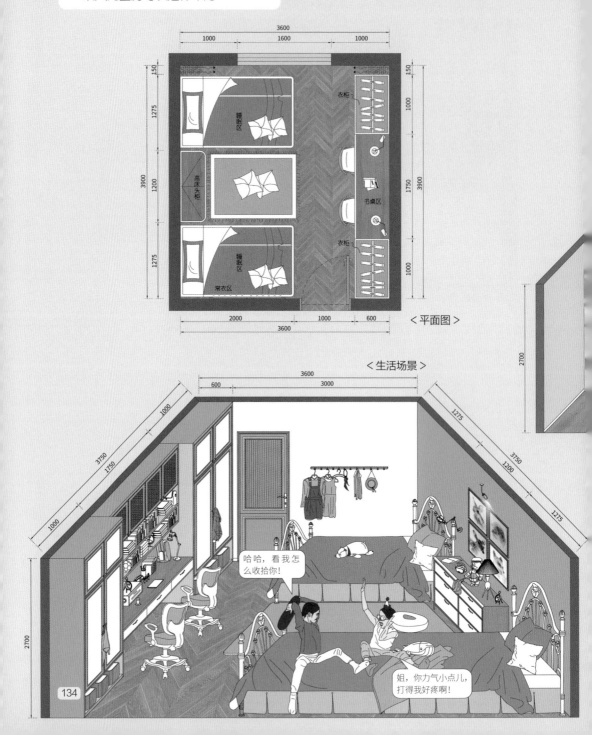

〈平面图〉

〈生活场景〉

哈哈，看我怎么收拾你！

姐，你力气小点儿，打得我好疼啊！

也可以把两间挨着的小面积卧室打通成一大间儿童房：

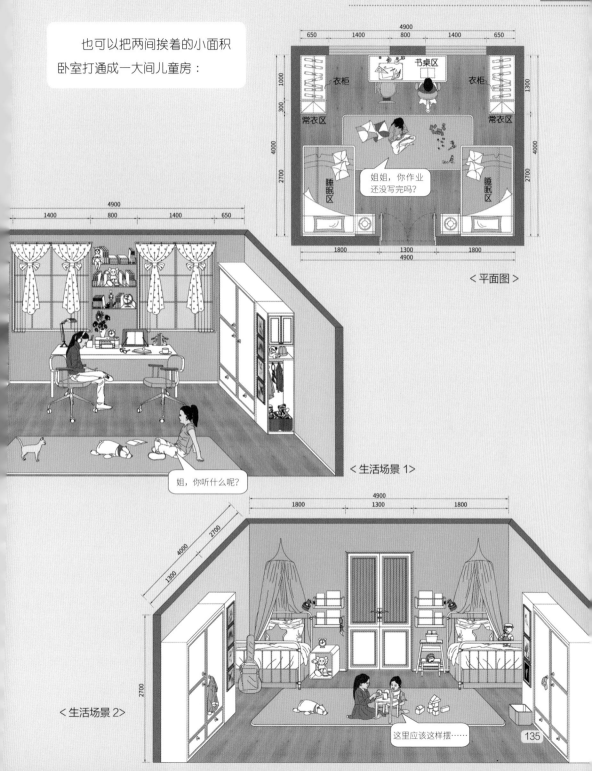

<平面图>

<生活场景 1>

<生活场景 2>

第七章
书房的设计
——除了"闷罐式"，书房还有其他形式吗？

多功能的书房

书房发展至今，已经远远不止看书办公这一个作用了，它可以是手作区、茶艺区，也可以是亲子游戏区，当然也可以是辅导孩子写作业的地方。

书房由原来传统的"闷罐式"设计，慢慢变得多元化、灵活化。尤其是像 SOHO（取自"Small Office，Home Office"的首字母，即居家办公者，多以自由职业为主）一族，这些选择职住一体化生活的群体，当然不能把大把时间局限在一个小小的密闭空间里。因此，将书房打造成一个宽敞舒适、能激发人无限想象力的办公空间，便成为他们室内装修首要考虑的事情。

　　本章向大家介绍 4 类可以供全家人使用的特色书房形式，即窗景书房、全开放式书房、半开放式书房和兼容式客厅书房。

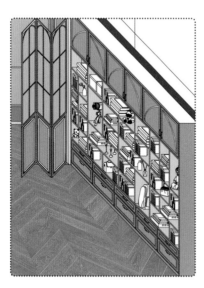

第一节 窗景书房

案例1. 东雪女士家

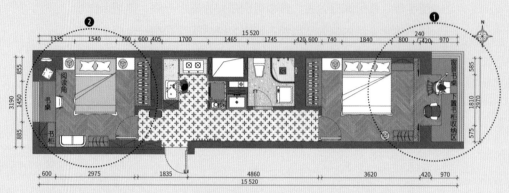

< 东雪女士家平面图 >

< 东雪女士家生活场景 1 >

小贴士

▶对于这类户型来说，特别适合窗景书房。

居住人画像

东雪女士的家就是所谓的那种"老破小"户型，房龄有30多年了。为了方便孩子上学，夫妻俩才购置了这套房。这套只有两间卧室、没有客厅和餐厅的房子，平时需要住4口人，奶奶跟女儿睡一间房，夫妻俩睡一间房。女儿平时回家后会写作业、做手账，夫妻俩偶尔也会把单位未完成的工作带回家来做，因此两间卧室都需要具有书房的功能。

<东雪女士家生活场景2>

案例 2. 马先生和林女士家

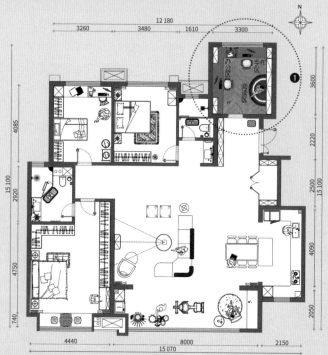

< 马先生、林女士家平面图 >

居住人画像

本书多次提到马先生家其他空间的
设计，这里主要看看他家的书房。
马先生和林女士都是设计师，一个
是女装设计师，一个是皮具设计师。
夫妻俩把平时的工作也融入自己的
生活和爱好里，平时吃完晚饭喜欢
动手画画线稿、做做东西。

< 马先生、林女士家生活场景 >

设计说明

装修时夫妻俩专门挑选了一
间窗景好的房间作为书房、
工作间兼"头脑风暴室"(❶)，
孩子们偶尔也会加入讨论，
或是窝在懒人沙发里看绘本。

我来做吧，我报表
差不多做完了!

第二节 全开放式书房

案例 1. 静姐家

全开放式书房区域的作用在这个家里可以说是发挥得淋漓尽致。

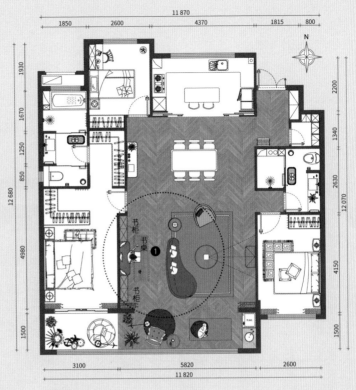

< 静姐家平面图 >

设计说明

书房（❶）设在客厅沙发背后，两个孩子放学后在这里写作业，爷爷也陪着在这里写写字、喝喝茶。晚饭后，夫妻俩陪孩子们在这里做游戏、绘画。书桌后面有收纳抽屉，奶奶偶尔会在这里缝缝补补。静姐经常打趣说："偌大的客厅不待，却偏偏都喜欢挤在这个角落里。"

哥哥，陪我玩五子棋吧!

< 静姐家生活场景 >

与此类似的户型，书房也可以这样布置。

妈，我预约了周六上午去做膝盖复查。

我也要陪奶奶去做检查！

〈平面图〉

〈生活场景〉

案例2.方女士和张先生家

前面我们提到过，他家是拆掉卧室的一面墙后，
与客厅连通，得到了一个兼具客厅与书房功能的横厅。

<方女士、张先生家平面图>

<方女士、张先生家生活场景>

设计说明

周末有朋友来家里做客，客厅区域所呈现的生活场景十分热闹，这便是开放式空间的好处。

第三节　半开放式书房

顾名思义，半开放式就是可开可合，既可以保持私密性，也可以与其他空间连通。下面以左山和可木家为例进行说明。

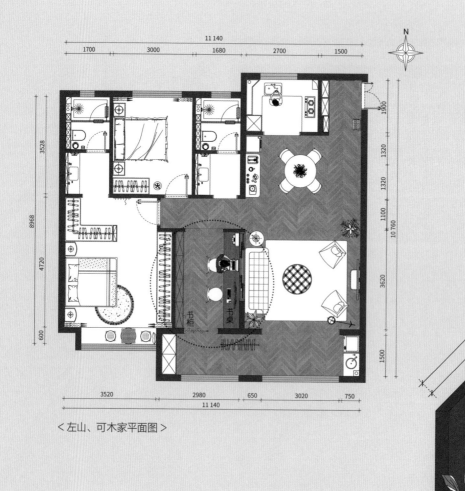

< 左山、可木家平面图 >

< 左山、可木家生活场景2 >

妈妈，我想吃冰激凌！

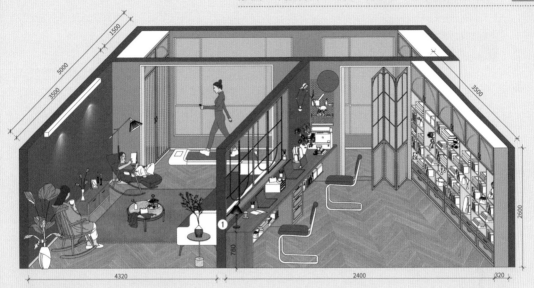

< 左山、可木家生活场景 1>

设计说明

他家客厅和书房之间的那面墙有一部分是可以拆除的，于是我们把部分墙体拆掉，保留书桌以下部分的半墙（❶）。半墙可作为沙发和书桌的靠背，上面做成推拉窗，既可打开，也能闭合，使客厅和书房之间有一定的通透性。两边空间既相互衬托，又相互独立。

149

第四节 兼容式客厅书房

　　兼容式客厅书房有点类似于近几年网络上经常提到的"去客厅化"式布局，比如将茶几改成书桌，还有类似"如何打造家庭图书馆"这样的设计。

　　需要强调的是，本书讲的兼容式客厅书房，既不是要教你如何打造家庭图书馆，也不是要适配一些所谓的网络时尚，而是为大家提供一种书房布置的参考方式，不一定适合所有家庭，请大家根据自己的生活方式酌情参照。

　　下面列举两个比较典型的例子，分别是青尧家和潘先生家。

案例 1. 青尧家

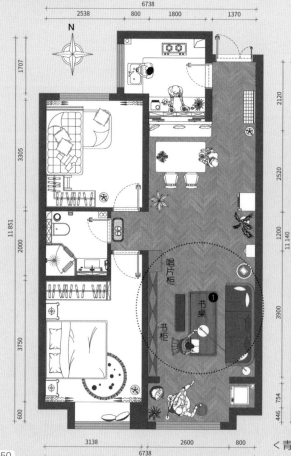

< 青尧家平面图 >

设计说明 1

青尧一家四口住在小两室的房子里，实在没有多余的房间做书房，于是夫妻俩果断地选择了把长书桌（❶）摆到客厅的方式，让客厅具备书房功能。

设计说明2

选购沙发时避开了那种坐上去软塌塌的类型，特意挑选了一款座面较高、海绵稍有硬度的三人沙发（❷），适配正常的书桌，高度刚刚好，久坐也不累。

设计说明3

书桌对面搭配了通体书柜（❸），可以容纳下海量书籍，其中光收藏级别的就有上百本。当然，客厅的观影功能也不能少，因此顶面在避开书柜处镶嵌了幕布，供一家人休闲娱乐用。

案例 2. 潘先生家

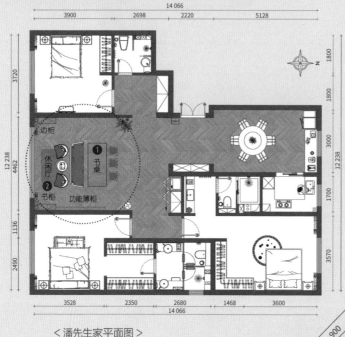

< 潘先生家平面图 >

设计说明 1

潘先生家的客厅（❶）布局很特别，不是传统的沙发、柜子靠墙放置的方式，而是把沙发和书桌放到了客厅中央。客厅书房没有大面积陈列书柜，而是分区分类地布置了一家人各自需要的物品。

设计说明 2

由于进深较长，他家的客厅还划分出一块休闲厅（❷）。他家楼层不高，能看到小区的绿化，尤其是下雪天、下雨天，坐在这里欣赏着外面的风景，简直是美极了。

宝贝，爸爸跟你说，一定要仔细看题哦！

< 潘先生家生活场景 >

案例 3. 肆月家

客厅兼容了书房功能。

< 肆月家平面图 >

●·小贴士

►以上所有图纸都有对应的尺寸，请大家参考时，务必根据自家空间尺寸量身定制，尤其是走廊，一定要留够宽度，切勿生搬硬套，避免因为家具过大或过满，影响家人正常走动。

第八章
卫生间布局
——通过合理布局挖掘更多收纳空间

关键词

安全 + 卫生

充分利用的空间

卫生间的设计首先要确保安全和卫生，其次要把空间充分利用起来。国内多数户型中的卫生间面积都不算太大，如果卫生间只用来洗漱、方便，那么有可能会造成空间的浪费。其实卫生间非常适合收纳一些家务用品，值得动脑筋好好思考怎样设计。

卫生间想必是大家在装修时最舍得投入的空间之一了吧?

① 防水用好的，生怕会漏水。

② 水管、电线用好的，担心将来隐藏在墙里、地里的水管和电线出问题，维修起来麻烦。

③ 五金、卫浴、电器等，购买时都不会只图便宜。

这么做是对的，毕竟是又有水又有电的地方，安全性要放在第一位。

那么卫生间的收纳问题，大家在设计装修之初关注过吗？或者说，住进新家之后，觉得卫生间的收纳空间够用吗？

拜访过一些在现有房子里居住超过两年的住户，专门去看他们的卫生间使用情况。有从入住到现在卫生间依然保持清爽整洁的家庭，但更多的是抱怨收纳空间不够用、到处塞得满当当的家庭。

这些收纳空间不够用的家庭，大多是在设计之初没充分考虑生活习惯的问题，过分追求一些所谓"极简风格"，把原本可以作为收纳区的地方裸露在外，搬进去之前看着整整齐齐、清清爽爽，就像是样板间或者星级大酒店。但搬进去后，没过多长时间，家里就变了一番景象。大家很难保证在用完洗漱用品后都能整整齐齐地放回原位，因此毛巾、浴巾、抹布等扔得到处都是，还不能有效隐藏，于是就感觉卫生间一团糟。

不知道大家目前的家庭生活中，有没有类似的情况。本章针对卫生间布局提供一些思路，看如何通过合理的布局，挖掘出卫生间更多的收纳空间。

第一节 浴室柜收纳区

如果家庭成员比较多，平时一家人的护肤品或者日用小电器比较多的话，还是建议将浴室柜做成柜门式收纳空间比较好。一来能保证储物量，二来即便物品摆放得杂乱一些，关上柜门也能保证视觉上的清爽整洁。具体收纳细节如下图所示。

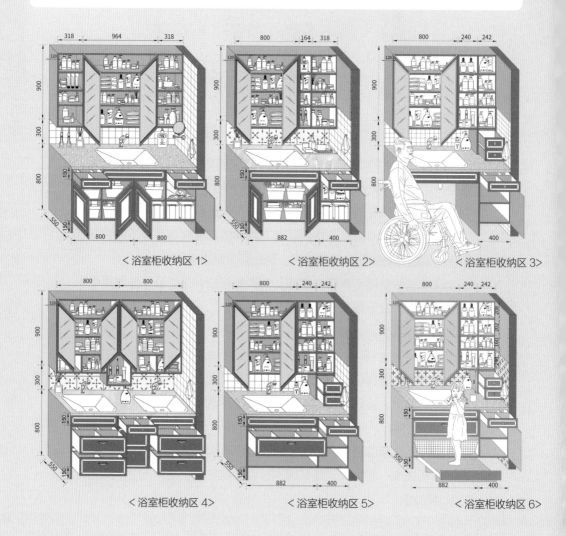

< 浴室柜收纳区 1 >　　< 浴室柜收纳区 2 >　　< 浴室柜收纳区 3 >

< 浴室柜收纳区 4 >　　< 浴室柜收纳区 5 >　　< 浴室柜收纳区 6 >

第二节　坐便器收纳区

我们现在常用的坐便器无非有两种形式：一种是落地式坐便器，另一种是壁挂式坐便器。结合不同的坐便器，可以做出不同的收纳形式。具体收纳细节如下图所示。

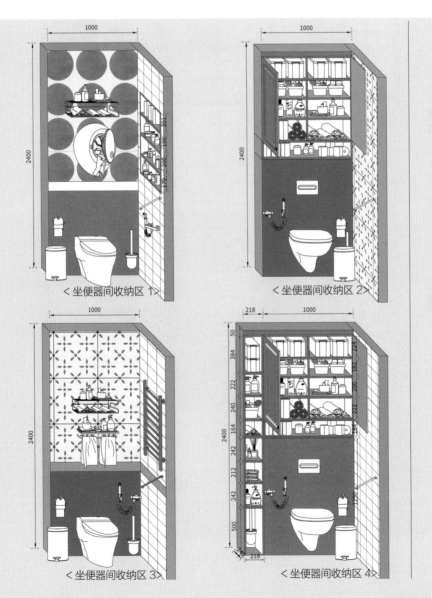

< 坐便器间收纳区 1 >

< 坐便器间收纳区 2 >

< 坐便器间收纳区 3 >

< 坐便器间收纳区 4 >

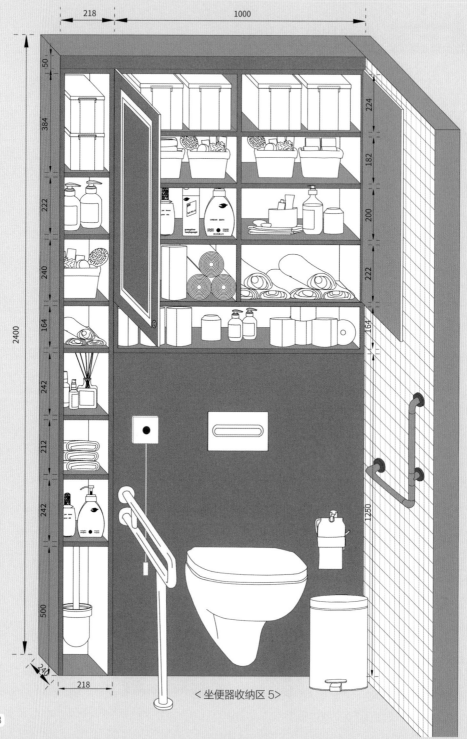

218　　　　　1000

50

384

2400

224

182

222

200

222

240

164

164

242

212

1250

242

500

240

218

<坐便器收纳区 5>

第三节　淋浴间收纳区

淋浴间属于湿区，使用起来会有水汽，因此不建议做木材质的柜体设计，最好选用耐水材质的置物架或五金件。空间允许的话，可以打造置物壁龛。具体收纳细节如下图所示。

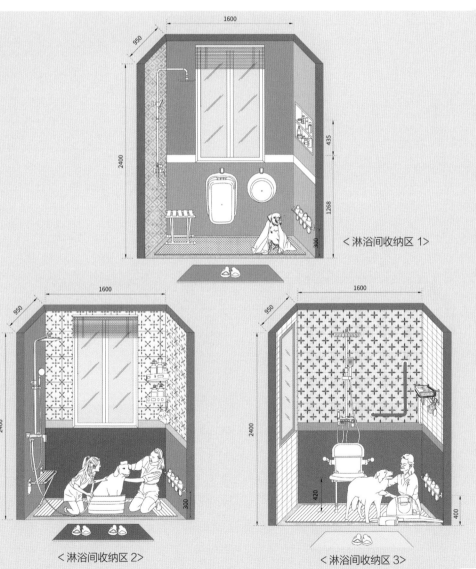

<淋浴间收纳区 1>

<淋浴间收纳区 2>

<淋浴间收纳区 3>

第四节 浴缸收纳区

对于很多家庭来说，浴缸属于选配装置。有浴缸的家庭，为了方便泡澡时拿取物品，可以做适量收纳设计。具体收纳细节如下图所示。

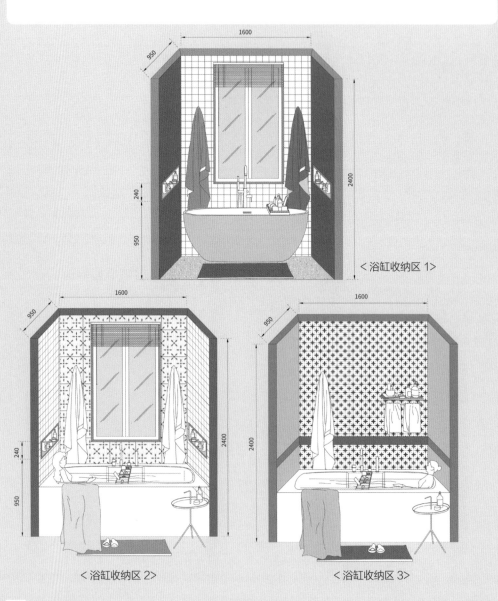

<浴缸收纳区 1>

<浴缸收纳区 2>

<浴缸收纳区 3>

第五节 门后收纳区

如果家里没有专门的洗衣间或家政间，那么平时打扫用的各种清洁工具，是不是很多家庭会放在卫生间？这些常用常湿的物品，如果都堆在角落里，容易滋生细菌。那么，怎样收纳才能看起来不乱，还能干净卫生呢？不妨试试在门后空间做挂式收纳。具体收纳细节如下图所示。

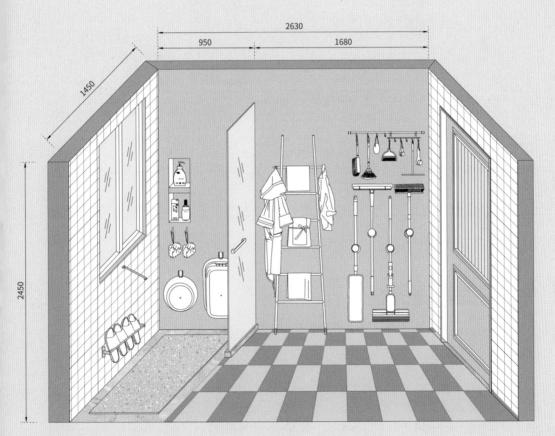

< 门后收纳区 >

第九章
家政间布局
——你家有专门的家政间吗？

关键词

收纳 + 分类

妥善安置家务用品

有时候不得不承认，家除了带给我们温馨和舒适外，还会带给我们家务。

各种各样的清理卫生用具和电器，还有一些简单的维修工具等，都需要我们妥善安置。大家是如何收纳这些用品的呢？这一章就为大家提供一些设计思路，希望对你能有所帮助。

对于"家政间"这个词，大家应该不太陌生，它是专门用来收纳家务用品的。

相比于把洗衣机及所有清洁维修用品肆意丢在卫生间，有个专门的家政间，会更有利于做家务时保持心情愉悦。同类物品统一收纳，想找什么东西都能手到擒来，不必到处翻箱倒柜。

那么家政间该如何规划呢？房子到手以后，发现户型中没有专门的家政间，又该怎么办？

并不是所有房地产商在设计住宅户型时都会预留专门的家政间位置，但这不代表房子就会失去家政间的功能。我们可以通过合理的设计改造做出家政间。

当然，提前预留好家政间的房子会比较完美，不管面积大小，空间里预留比较完善的给水排水（也就是俗称的"上下水"），装修起来就不用大费周折。

① 如果家政间面积大，那么所有功能需求基本都能满足，操作起来也会更加方便。

② 如果家政间面积小，空间有限，那么可以做多区块设计，比如把洗衣功能放在一个适合的空间，而将清洁工具收纳在另一个空间。

总之，家政间的设计原则就是：分类收纳，统一安置，动线流畅，方便快捷。

下面推荐 3 种类型的家政间设计，即 4 ~ 8 m² 大家政间设计、1 ~ 4 m² 小家政间设计，以及一面墙的"口袋空间"家政区设计。

第一节　$4 \sim 8\,\mathrm{m^2}$ 的大家政间

面积相对较大的家政间都可以如此进行布局和设计。

如果家政间有 $4 \sim 8\ \mathrm{m^2}$ 的空间，基本上可以做到功能齐全了。洗衣方面不仅能满足洗、烘、晾等功能需求，叠和熨烫也可以在这里一并完成。清洁工具和维修工具也可以分门别类地统统收纳进去。

这里列举 3 个拥有大面积家政间的家庭，看看这些家政间的布置情况。

案例 1. 肆月家

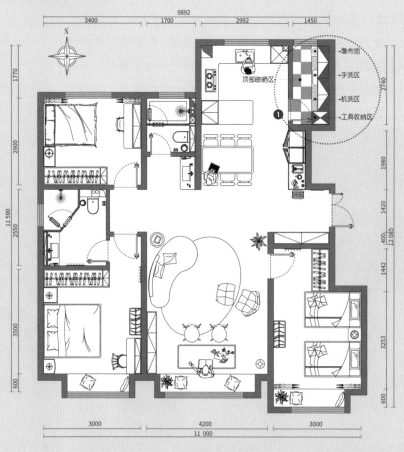

设计说明 1

这是一个 **1.45 m × 2.74 m**、面积 **4 m²** 左右、功能相对齐全的家政间（❶），紧挨厨房，是原本户型中提前预留好的。

< 肆月家平面图 >

●小贴士

▶需要注意的是，湿墩布或湿抹布等尽量不要放进带柜门的收纳柜里，以免发霉，可先在外面晾干后再进行收纳。

设计说明2

肆月按照自己的家务习惯分别设置了机洗区（❷）、手洗区（❸）、墩布池（❹）和工具收纳区（❺）。肆月把挂烫机也收纳在这里，每当衣服晾干后，她都会顺手把衣服熨烫好再一一放回各自的房间。

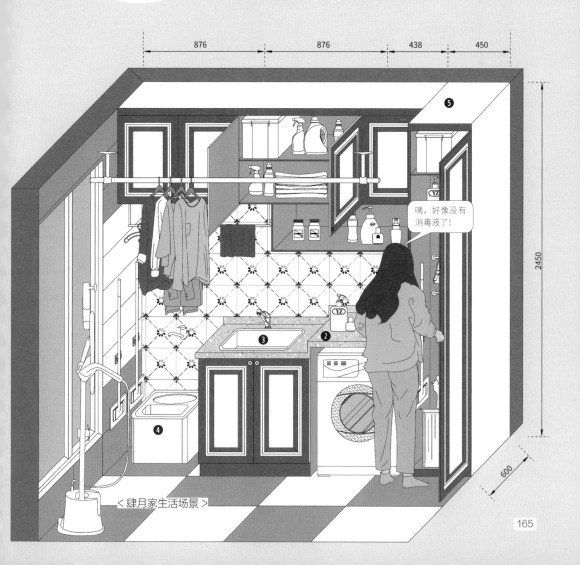

＜肆月家生活场景＞

案例2. 谷雨家的家政间

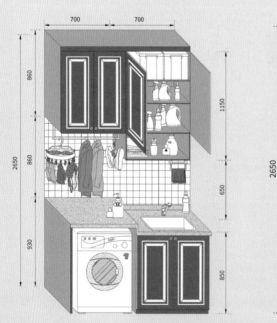

顶部晾晒区
工具收纳区

机洗区
手洗区

设计说明1

谷雨家客厅有个面积稍大的阳台（❶），原本就配备好了给水排水，因此后期装修时，我们在阳台上打造出了家政间，具备了谷雨家几乎所有的家务功能。这种家政间应该是市面上比较常见的类型。

〈谷雨家平面图〉

小贴士

▶ 这样的家政间因为设置在相对开放的阳台上，不像肆月家的家政间是个密闭空间，即使摆放得不整齐，关上门也不影响心情，因此设计时要兼顾外观。

设计说明2

开放式阳台需要把电器设备等靠墙安置，杂七杂八的各种工具也最好收纳在带柜门（可以是百叶门，便于通风换气）的储物柜（❷）里，这样关上门后，可作为休闲区域喝茶看书用。

1400

460

2650

关上门整整齐齐！

3757

460

1400

650

2000

宝贝们，妈妈熨完衣服带你们去超市！

〈谷雨家生活场景〉

案例 3. 羽墨医生家

思思，姑姑送你的衣服好不好看?

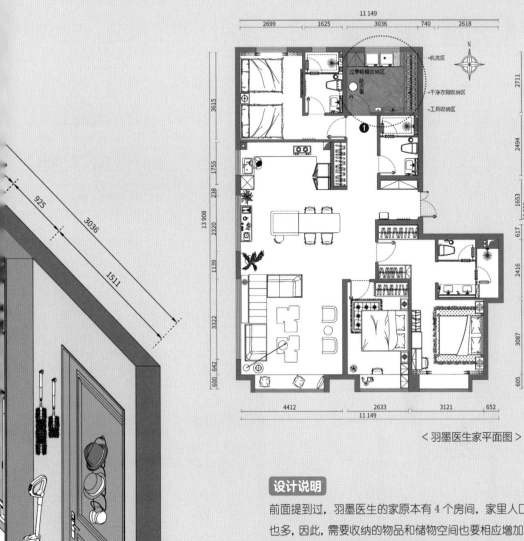

< 羽墨医生家平面图 >

设计说明

前面提到过,羽墨医生的家原本有 4 个房间,家里人口也多,因此,需要收纳的物品和储物空间也要相应增加。于是,他家把面积最小也最容易做给水排水的一间卧室改为了衣帽间兼家政间(❶)来使用。这个结合了衣帽间功能的家政间足有 **8 ㎡**。一家人每天进出门都会在这里更换衣物,换下来的脏衣服直接扔到脏衣篓里,妈妈只需看脏衣篓满了便定期清洗就可以,不用挨个房间地去收脏衣服,既减少了家务时间,又方便顺手。

< 羽墨医生家生活场景 >

第二节 $1 \sim 4\,m^2$ 的小家政间

本节同样用 3 个案例来详细说明小家政间的布局。

案例 1. 青尧家

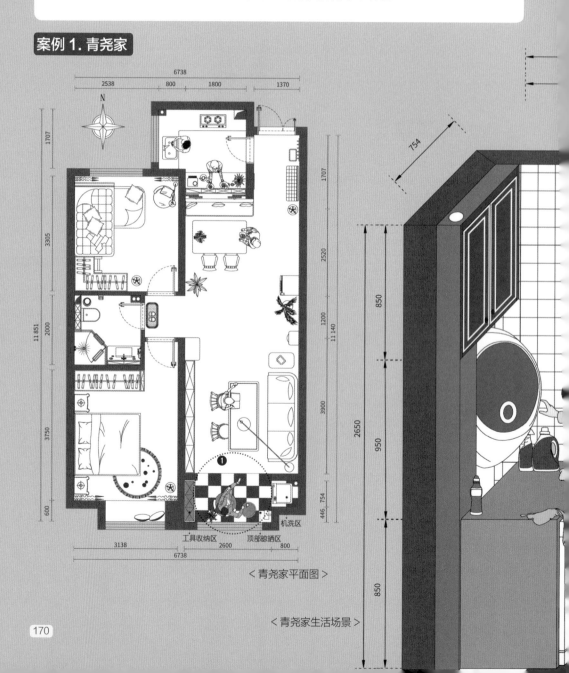

＜青尧家平面图＞

＜青尧家生活场景＞

设计说明 1

她家跟谷雨家情况类似，也是把家政功能区设置在了阳台（❶），不过面积没有谷雨家的阳台大。功能区相比于谷雨家，只少了手洗区，用起来也算比较方便。

设计说明 2

青尧家利用长金属杆（❷❸）设置了多个晾晒区，不仅可以晾晒小件鞋袜，床单、被罩等也照样能晾得开。

案例2

〈平面图〉

设计说明1

从平面图可以看到，这个家的面积比较大，但家政间却很小，面积只有 **3 m²**（❶），不过对这个家来说却是够用的。

设计说明2

这个家除了家政间外，没有多余的阳台用来晾晒衣服。因此，需要结合多种晾晒工具实现各类衣物床品的晾晒，如平面图和右图所示，除了顶部晾衣杆外，还可以增设折叠晾衣架（❷）。

好，听宝贝的！

妈妈，洗完衣服我们去买草莓蛋糕吧！

〈生活场景〉

案例3

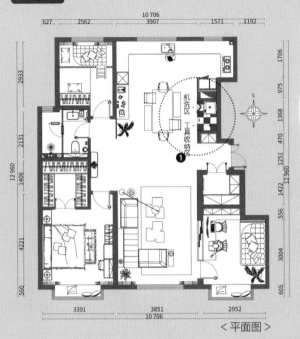

机洗区

工具收纳区

❶

〈平面图〉

小贴士

▶这类家政间也被一些专业设计机构叫作"机舱家政间"。它虽然看着小，但也能做到功能齐全，正常收纳电器和工具等，即所谓"麻雀虽小，五脏俱全"。关上门后，照样可以整整齐齐、井井有条。但像晾晒、熨烫、整理之类的活动，就需要在其他区域完成了。

设计说明

相比于前面两个案例，这个家政间的面积就更小了，只有 $1\,m^2$ 左右（❶）。

〈生活场景〉

妈妈，这里全是我的衣服吗？

是啊，宝贝，来试着自己整理吧！

第三节　口袋空间家政区

本节的相应空间之所以叫"家政区"而不是"家政间"，是因为它不同于前两种情况，原始户型中并没有明确划分出家政间的位置，需要我们自己把该区域设计规划出来。虽然会费一些脑力，却也非常实用。比如，我们可以找相对隐蔽或者能通往各个房间的区域来打造。

案例 1. 夏天女士家

设计说明 1

她家是两居室户型，南面有两个小阳台，一个在厨房外（❶），一个在主卧室外（❷），面积都不是很大，厨房阳台尤其小。

3493

<夏天女士家平面图>

设计说明 2

她家把洗衣区和工具收纳区分开设置在不同区域：把需要给水排水的洗衣区放在厨房阳台（❶），工具收纳区则放在主卧室阳台（❷），而且主卧室阳台与客厅之间有一道门，使用起来非常方便。

<夏天女士家生活场景>

案例 2. 黎女士和白先生家

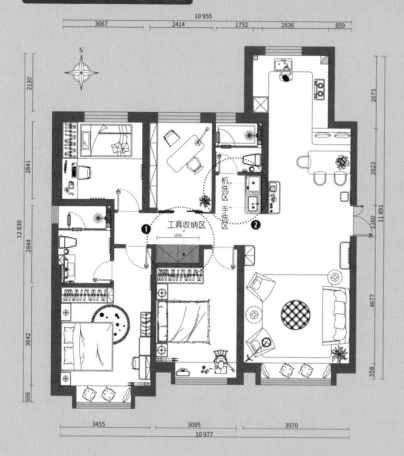

< 黎女士、白先生家平面图 >

设计说明 2

洗衣区（❷）设置在离工具收纳区不远的卫生间浴室柜旁边。

设计说明 1

黎女士家的家政区借用了次卧一部分空间，但是这样的区域不太适合放洗衣机，因为做给水排水不方便，即使能引过来，距离也太长，万一水管堵塞，不方便疏通。因此，这个区域作为工具收纳区（❶）来使用。

小贴士

案例 2 和后面的案例 3 属于同一类型：在公共过道空间"掏出"一个家政区。这种类型的家政区需要特别注意的是，要保证"掏"的区域是非承重墙体。

< 黎女士、白先生家生活场景 >

小宝，不能老脱掉袜子哦！

案例 3. 潘先生家

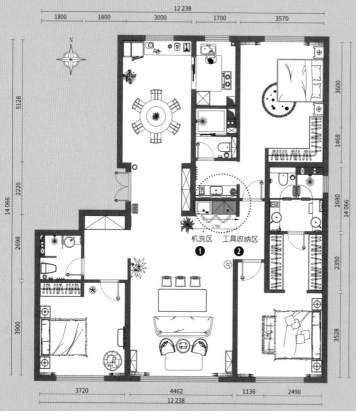

机洗区　工具收纳区
❶　　❷

< 潘先生家平面图 >

设计说明 1

相比于案例 2，潘先生家"掏出"的家政区更理想一些，因为借用的是次卧卫生间的部分空间。由于卫生间给水排水都很齐全，因此无论怎么引都很方便。这个家政区就很适合把机洗区（❶）和工具收纳区（❷）都集中在一起。

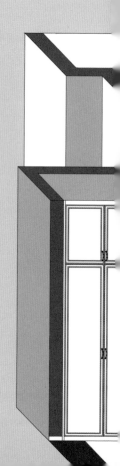

设计说明 2

家政区的功能分区
也可以是这样的。

无底板柜,
轻松收纳。

< 潘先生家生活场景 >

妈妈, 你看, 今天
这么多脏衣服!

案例4. 晓鹏女士家

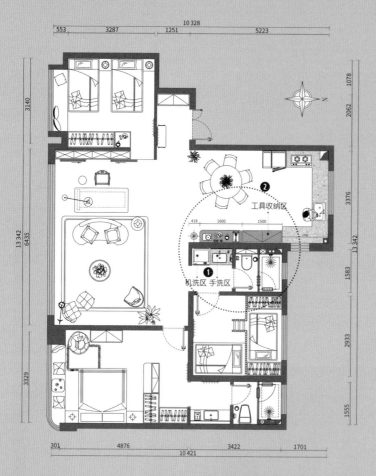

< 晓鹏女士家平面图 >

设计说明 1

她家依旧是把洗衣区（❶）和工具收纳
区（❷）分开设置的。洗衣机放在客卫
浴室柜旁边，工具收纳柜则设置在厨
房与餐厅相连的区域，紧挨餐边柜。

设计说明 2

工具收纳柜(❸)的上柜用来收纳厨房的各种囤货,下柜用来收纳清洁工具和各种维修工具。这样设计既扩大了厨房功能,又不影响厨房的正常收纳,非常实用。

•小贴士

▶ 案例 4 和后面的案例 5 属于没有阳台的户型,但是有部分飘窗。他们两家都是在卫生间或卧室飘窗处晾晒衣物。

< 晓鹏女士家生活场景 >

案例 5.尹姐姐家

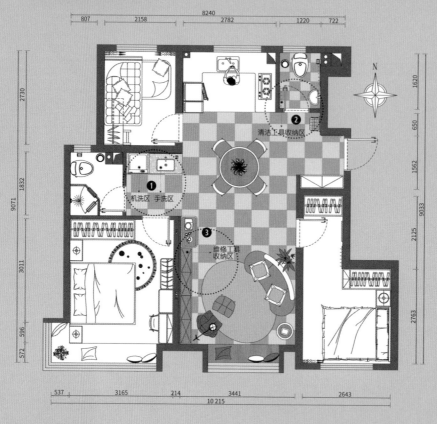

< 尹姐姐家平面图 >

清洁工具收纳区 ❷

机洗区　手洗区 ❶

❸ 维修工具
收纳区

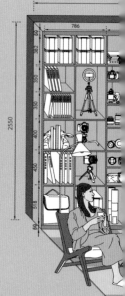

设计说明 1

她家有两个卫生间,其中一个面积略大,
另外一个面积不足 **2 ㎡**,只容得下一个坐便
器和一个简易洗手盆。于是家政区设计采
用了一个折中方法,就是把家政空间分成 3
块区域,分别是洗衣区(❶)、清洁工具收
纳区(❷)和维修工具收纳区(❸)。尽管
如此,所有功能区仍集中在客厅区域范围
内,串联起来也很方便,使用体验比较舒适。

设计说明 2

洗衣区(❶)依
旧设立在大卫生
间的浴室柜旁边。

设计说明 3

维修工具收纳区(❸)则结合了客厅一面墙书柜,
选取其中一组柜体作为收纳工具的区域。

设计说明 4

相比于晓鹏家，尹姐姐家的厨房空间没那么大，不足以放下工具收纳柜，因此将清洁工具收纳区（❷）设立在小卫生间里，采用挂墙式收纳的方式。

＜尹姐姐家生活场景＞

小妹，你推荐的这个挂烫机确实挺好用！

第四节 洗衣间放哪里？5个位置供你选

本节要总结一下洗衣机、烘干机等设备可以放在家里的哪些位置，以及这些位置需要注意的要点。

强调一下，本书里家政间不等于洗衣间。洗衣间大多数情况下是指具有单一洗衣功能的空间，而家政间除洗衣间的功能之外，还可以具备其他功能。因此，本节不是重复阐述上节的内容，而是上节内容的延伸。

位置1.卫生间

设计说明

大多数人都知道卫生间可以放洗衣机，但需要注意的是，如果空间允许的话，还是建议把洗衣机(❶)设置在干区。一来可防止电源受潮，二来不妨碍着急上厕所的人，当然也别让着急上厕所的人妨碍你洗衣服。

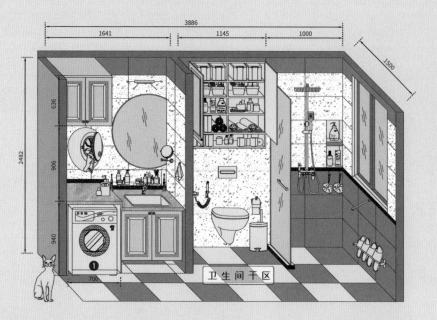

< 卫生间生活场景 >

位置 2. 厨房

厨 房 或 西 厨 ▽

〈厨房生活场景〉

设计说明

厨房一般是提前预留好给水排水的，可以放洗衣机（❶），但洗衣机要挨着洗手池（❷）或安装在距离洗手池比较近的位置，因为它们一般要共用下水管。

妹妹，你那边抬高点儿!

位置 3. 独立家政间

独 立 家 政 间 ▽

设计说明

有的原始户型设有独立家政间或洗衣间，又或者多个卫生间。如果家里人口较少，用不上多个卫生间的话，便可以把其中一个卫生间改为洗衣间。这类空间一般都会留有独立的给水排水，往往怎么布置都可以，洗衣机（❶）、壁挂式洗衣机（❷）或烘干机等统统都可以安置在这里。

又该囤洗护用品了，用得好快哦!

〈独立家政间生活场景〉

位置 4. 独立小阳台

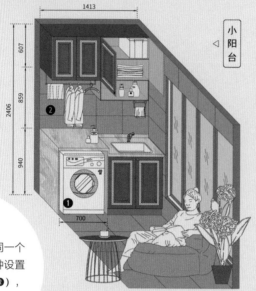

小阳台 ◁

设计说明

有的房子会设有独立小阳台，或在客厅，或在卧室，抑或在厨房。大多数情况下，小阳台都可以放置洗衣机（❶），但必须预留给水排水，或者离有给水排水的地方比较近，方便改造。

●小贴士

➤ 两个场景是同一个小阳台，一种设置成晾衣区（❷），一种设置成烘干区（❸），各取所需。

< 独立小阳台生活场景 1 >

小阳台 ◁

< 独立小阳台生活场景 2 >

宝贝，能闻到阳光的味道吗？

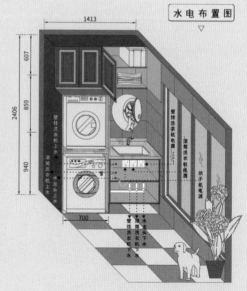

水电布置图 ▽

< 生活场景 2 中的水电布置图 >

位置 5. 连接各个空间的走廊通道

设计说明

把洗衣间（❶）设置在走廊通道的类型不常见，但也比较好用。无论从家里哪个房间到过道的距离都差不多，便于从各个房间里收取脏衣服。从动线上来看，无论是到卫生间还是到厨房，抑或到晾衣区，都很方便。即使在厨房做饭，也能听到洗衣机洗完衣服的提示音，然后及时去晾晒。

< 洗衣间设在走廊通道的生活场景 >

> **•小贴士**
>
> ➤ 这类空间不是所有户型都可以实现的，仍然是因为水电问题。走廊通道一般不会设有独立的给水排水，因此要想把这里打造成洗衣间，要么空间离卫生间很近，要么离厨房洗手池很近，方便改造。

下面是各种洗衣设备的安装图解，供大家参照。

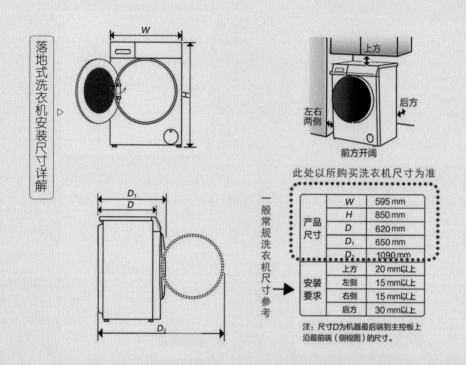

落地式洗衣机安装尺寸详解 ▷

前方开阔

左右两侧 / 后方 / 上方

此处以所购买洗衣机尺寸为准

一般常规洗衣机尺寸参考

产品尺寸		
W	595 mm
H	850 mm
D	620 mm
D_1	650 mm
D_2	1090 mm
安装要求	上方	20 mm以上
	左侧	15 mm以上
	右侧	15 mm以上
	后方	30 mm以上

注：尺寸D为机器最后端到主控板上沿最前端（侧视图）的尺寸。

下排水式洗衣机

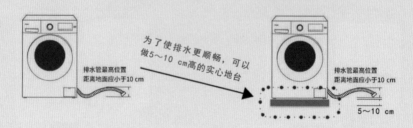

排水管最高位置距离地面应小于10 cm

为了使排水更顺畅，可以做5～10 cm高的实心地台

排水管最高位置距离地面应小于10 cm

5～10 cm

上排水式洗衣机

排水管最高位置距地面80～100 cm

① 不要打开管夹

② 挂高后可再折回从地漏排水

③ 也可直接从墙漏或水槽下方排水

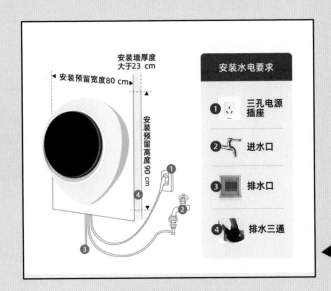

壁挂式洗衣机安装尺寸详解
（以市面上常见壁挂式洗衣机为例）

安装墙厚度
大于23 cm

安装预留宽度80 cm

安装预留高度90 cm

安装水电要求

① 三孔电源插座

② 进水口

③ 排水口

④ 排水三通

管线明装

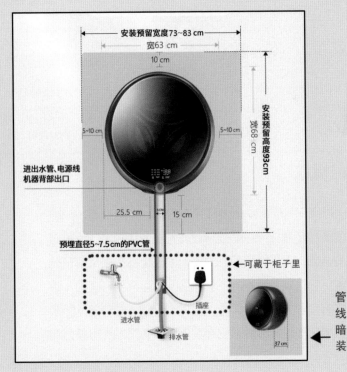

安装预留宽度73~83 cm

宽63 cm

10 cm

5~10 cm　　　5~10 cm

安装预留高度93cm

高68 cm

进出水管、电源线
机器背部出口

25.5 cm　5cm　15 cm

预埋直径5~7.5 cm的PVC管

可藏于柜子里

进水管

插座

排水管

37 cm

管线暗装

第十章
角落空间设计

——不经意间打动我们的，往往在角落里

关键词

关键词

方寸之间 + 别有洞天

角落的惬意

房子再大，我们喜欢待的还是家里那些角落空间。或许是人类的天性使然，待在角落里让我们更有掌控感，也更容易获得安全感。在不经意间打动我们的，也往往是角落里美好的一瞬，它可以是慵懒的、舒适的，也可以是浪漫的、治愈的，它完完全全地只属于你。或许，这样一个角落，是最容易让人感到舒适的地方，也是我们可以无限发挥想象力的地方。

前面我们大多以一个空间的整体布局为切入点，讲解每个大的功能空间该如何构思和布局，本章我们以局部布局为切入点，看看家里的一些角落可以怎样设计和布置，以及如何打造出专属于你自己的独处空间。

第一节　让书触手可及的读书角设计

关于看书，不知道大家有怎样的习惯：是闲暇时去专门打造的一个固定阅读区看书，还是偶尔坐在客厅地毯上，用茶几当桌面看书？抑或是在固定的时间去正式的书房看书呢？

在这里分享一下我的阅读习惯。我喜欢随机式地阅读方式，就是在家里，只要想看书，随手就能拿到。比如：

> ① 吃饭前时间充足的话，我喜欢在不远处随手抽出一本时尚杂志看。

> ③ 睡觉前，我喜欢打开阅读灯，点上香薰蜡烛，随手拿出床边的治愈系书籍，读上几页，直到有困意为止。

> ④ 需要长时间阅读、收集灵感时，我会在专门打造的咖啡角落里看书，备好一整桌下午茶，在这里可以待上大半天。

总之就是让读书融入生活的方方面面，不专意设限，不刻意为之，而是随心所欲，触手可及。

不管哪种阅读习惯，都没有好坏之分，只有适不适合，按照你自己的喜好和习惯去生活就好。

接下来推荐几种可以打造阅读角的好地方，看看有没有适合你的。

读书角 1. 客厅读书角

下面列举了5种场景。

设计说明

电视机不再是客厅的焦点，淡化其功能，将电视机换成投影幕布（❶），用时放下，不用时收起来。巧妙地利用高低书柜（❷），分类收纳大人和孩子的书籍，打造适用于一家人的客厅阅读空间。

< 客厅读书角生活场景 1>

弟弟，你看，龙猫！

设计说明

将客厅背景墙功能一分为二，
一部分用来挂电视机（❶），
一部分用来做阅读角（❷），
实现功能多元化客厅。

< 客厅读书角生活场景 2>

< 客厅读书角生活场景 3>

设计说明

客厅跨度较大的话，可以在沙
发背后的区域规划出一块阅读
区（❶），搭配板画移门（❷），
可以满足孩子们的涂鸦需求。

设计说明

特别喜欢这种浪漫唯美的角落（**❶**），圆
桌配单椅，可以在此读书、写字，仿佛
是童话世界里的场景，让人治愈又安心。

< 客厅读书角生活场景 4>

<客厅读书角生活场景 5>

设计说明

通顶的展示书墙柜（❶）搭配舒
适的沙发（❷），晚饭后随手拿
出一本书，带上孩子一起阅读，
为他们讲解书里的大千世界。

读书角 2. 餐厅读书角

在餐厅设立读书角，并不是让大家专门腾出一块空间来做阅读区，而是结合餐厅功能，把读书功能融进去，让人无论坐在餐厅哪个角落，都能随看随取。

设计说明

餐厅的卡座区（❶）是最容易打造出氛围的一个角落，结合餐边柜（❷）的设计，让人仿佛置身街角咖啡馆，外面是纷繁世界，而你独坐一隅。

●小贴士

▶ 像场景 2、场景 3、场景 4 不必为设计读书角去破坏原有餐厅的设计，只需把图书融入进去便可。

< 餐厅读书角生活场景 1>

〈餐厅读书角生活场景 2〉

〈餐厅读书角生活场景 3〉

<餐厅读书角生活场景4>

读书角 3. 卧室读书角

这里与大家分享几种卧室卡座读书角的形式，适合面积不大的卧室。

设计说明

卡座可以设在主卧，也可以设在次卧，当然设在儿童房会更适合。这样能够打造既温馨舒适又功能多样的卧室空间。

〈卧室读书角生活场景 1〉

〈卧室读书角生活场景 2〉

〈卧室读书角生活场景 3〉

<卧室读书角生活场景 4>

<卧室读书角生活场景 5>

读书角 4. 飘窗读书角

设计说明

如果家里有飘窗空间，那么可以将其作为临时的阅读角，还可以在这里夏天观雨，冬天赏雪。哪怕在这待一会儿，也足以让你放松心情。

< 飘窗读书角生活场景 >

读书角 5. 卫生间读书角

设计说明

只要你喜欢，无论哪里都可以作为你的读书角，包括卫生间。

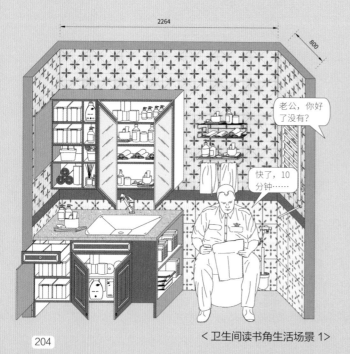

< 卫生间读书角生活场景 1 >

< 卫生间读书角生活场景 2 >

读书角 6. 阳台读书角

＜阳台读书角生活场景 1＞

设计说明

阳台应该是大家最先想到打造读书角的好地方，尤其是在洒满阳光的清晨，搭配上植物和咖啡桌，顷刻间便成为家里最温馨治愈的角落。

＜阳台读书角生活场景 2＞

第二节 不想要正式书房，也许"角落书房"更适合你

正式书房不一定适用于所有家庭，也并不是每个家庭都需要一间标配的正式书房。有些家庭可能只是偶尔需要在家办公或者处理一下文件；有些家庭空间有限，挤不出空间或房间做书房，但还是希望有书房功能。这种情况下，不妨尝试一下"角落书房"的形式。

本节列举了4种在客厅打造的"角落书房"样式，大家可以以此为参考，在自己家里按需打造。

角落书房1. 折叠式

< 角落书房生活场景 1 >

设计说明

其实现在市面上有很多有趣又多变的小家具，就像图中展示的书桌设计一样，关上柜门空无一物（❶），打开柜门另有乾坤（❷）。方便又有趣，还可解不时之需。

<角落书房生活场景2>

角落书房 2. 与书架结合式

< 角落书房生活场景 3>

设计说明

这种角落也很好用，从正面看，这块区域是
搁板书架（❶），好似一个读书角，然而有一
块搁板比其他搁板宽出来一部分，正好可以
充当一个临时的小书桌（❷），不占用地面面积。

4335

2435

角落书房 3. 圆桌式

设计说明

不用多说，这种类型的角落（❶）
是多用途的，无论看书还是跟闺蜜
聊天，抑或是临时办公，这都是
一个让人瞬间充满幸福感的角落。

5200

2640

老公，帮
杯橙汁，谢

<角落书房生活场景 4>

角落书房 4. 电视墙一隅式

电视机不需要用一整面墙来承载它，可以在电视背景墙多加出一个功能区来。

< 角落书房生活场景 5>

<角落书房生活场景 6>

设计说明

它是灵活的，可以随意挪动，怎么舒适怎么摆；同时它也是多用的，既可以是大人的临时办公区（❶），又可以是孩子的绘画区。一家人在一起能相互看到，让人感觉幸福又满足。

第三节　让你和家人的兴趣爱好都有"容身之所"

每个人或多或少都会有些小爱好，比如有人喜爱玩乐器，有人爱好打游戏，也有人喜好手作，比如缝纫、打毛衣，或者做手账、做模型等。这些朋友或多或少都需要一些空间来承载这些爱好，要么用来操作，要么用来展示。

本节将和大家分享如何在家里打造兴趣角，有类似需要的朋友可以参考。

兴趣角 1

< 兴趣角生活场景 1 >

设计说明

将不到 **20** ㎡ 的客厅划分成 6 个不同的功能区，分别是办公作业区（❶）、休闲聊天区（❷）、阅读角（❸）、手作区（❹）、绘本收纳区（❺）和绘画作品展示区（❻）。这个家同时也是"课外兴趣班"，有大人喜欢的位置，更有孩子们喜欢的角落，大家不争不抢，其乐融融。

兴趣角2

没问题，宝贝。

妈妈，能不能用这块儿布做个蝴蝶结？

< 兴趣角生活场景 2>

设计说明

如果是大横厅，那么可发挥的空间就更大了。如图所示，既有办公作业区（❶），又有黑胶唱片区（❷），还有手作缝纫区（❸）。我们可以在工作闲暇之余，到这些角落来享受生活，愉悦身心。

兴趣角 3

< 兴趣角生活场景 3>

兴趣角 4

设计说明

假如你不喜欢在客厅设置兴趣角
（❶），也可以将其与书房（❷）结合。

< 兴趣角生活场景 4>

设计说明

甚至还可以像这样打开一间
卧室，让空间与客厅连通，
将其作为亲子活动区，既集
齐了孩子们所有的玩乐设
施，也是大人的娱乐区。

老公，给孩子们切
点水果吧！

3800

2640

120

<兴趣角生活场景5>

打造窗边植物角，住进室内"小森林"

　　人们对于绿植和鲜花的喜爱应该是与生俱来的，即便不太会养花的人，也喜欢在家里摆上一两盆好养活的。这样，家里有了一抹绿意，就会显得生机勃勃，也很温馨治愈。

　　在家居软装搭配中加入绿植，是最聪明的最不会出错的方法。无论家里是什么风格，它都能很好地融入环境，并能烘托氛围，起到画龙点睛的作用。

　　本节分享给喜爱养植物的你，看看如何在家打造"小森林"感的植物角。

植物角 1

设计说明

如果你家有富余的阳台（家政间或洗衣间都设在别处），便可以打造植物角（❶），尤其不用常年挂衣服的南阳台，是打造植物角的最佳选择。

1380

3600

2640

慧慧姐，好喜欢你打造的这个阳台，特别舒服！

< 植物角生活场景 1 >

植物角 2

< 植物角生活场景 2 >

设计说明

舒适的沙发或休闲椅（❶）搭配小巧的边几（❷），无论是临时办公，还是看书喝咖啡，想必这里都会是你优先选择的位置。

小贴士

▶ 植物的摆放要错落有致，花形和叶片也要搭配得当，这样才会更有感觉。一开始摆不好看没有关系，多试几次，慢慢地就有经验了。

植物角 3

设计说明 1

如果你家拥有连通客厅和卧室的阳台（❶），那就可以更加肆意发挥了，一部分空间用来做家政空间，剩下的大部分空间都可以打造成室内"小森林"。

设计说明 2

你可以想象一下卧室窗外（❷）花团锦簇的情形，伴着微风，还会有花香飘进来，这些美好时刻会让你更爱自己的家。夜晚，配上氛围灯光，摆上露营设备，这里就是舒适的"露营场地"。

< 植物角生活场景 3>

植物角 4

设计说明

客厅没有阳台也没关系，只要有一面落地窗或大面积的窗户（❶），同样可以打造出风格独特的植物角。

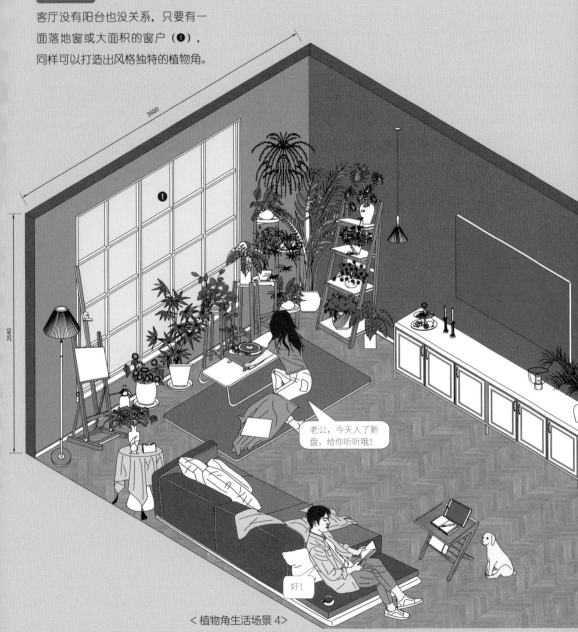

< 植物角生活场景 4 >

第十一章
可变空间设计
——以"不变"应"万变"的家

"不变"的家，如何应对未来的生活

"不变"是指以不重新装修、不大动干戈为原则，应对一家人未来的多种使用需求和人口变化。

我们居住的房子，不是快消品，它不像酒店，只是用来短期借住。许多人换房，是为了改善生活或应对因将要增加家庭成员而引起的需求变化，很有可能是一次性投入，要长久居住。这需要我们在设计装修之初就做好充足的打算，并计划对未来人口变化的应对方式。

我们的生活在每个人生阶段都会不同，如何让房子不但能很好地适配当下，还能巧妙地应对未来的生活，这就需要好好规划一番了。

很多人家里有一些空间是提前做好了打算，但要到几年以后才会用到的。那么这近几年暂时用不上的房间，当下要如何打造呢？带着这个问题，我们进入本章将要为大家呈现的内容——可变空间设计。

一说到"可变空间"，大家会想到哪些？是那种可折叠的家具，还是网络上会见到的一些可移动家具（比如顶部装滑轨的柜体，移到不同处会显露不同空间），抑或是那种可开放可封闭的厨房，以及可开可合的书房？

以上这些都属于可变空间。我们暂且把以上这几种很容易就能想到的归类为"变形式"，也就是说，设施和物品不变，只是改变打开方式，就可以使其具有一些其他功能或实现某种效果。

还有一类属于"变功能"。

举个例子，比如客厅，很多刚有宝宝的家庭，会随着孩子的成长来变换客厅的设施和功能。在孩子上幼儿园之前，客厅的主要功能是孩子的玩耍基地，这时会尽量少放家具，或将所有家具通通靠墙放置。等孩子上幼儿园后，会适当地在客厅增设一些适合儿童的小家具，比如写字桌或小凳子。等孩子上学后，那些平时给孩子收纳玩具的柜子，一部分又变成了绘本柜。总之，就是空间大小没有变化，通过变换家具的数量和分布方式来改变客厅的使用功能。

另外还有一类很多人喜欢的方式——"变装"。

所谓"变装"就是指变换软装，即根据四季更迭来定期变换窗帘、沙发套、桌布和抱枕套等。当然并不是说每年都要买新款，而是家里多配一两套，可以定期更换，改变一下家居外观。有的家庭还会定期更换餐具，真的很佩服他们对待生活的用心程度。

这些居家经验告诉我们：生活有时需要适当做出些改变，无论大小，也不管是必须还是随心，只为让生活中时不时地出现一些小惊喜，也让自己和家人都过得更有意思些。

接下来与大家分享除上面几种方式以外的一些可变空间的设计。有基于长期考虑的，也有短期内可变换的；有局部的，也有整体的。

第一节 无需"大动干戈"，儿童房轻松实现一变二

说到这种方法，就要提到我的好友素素家的可变儿童房了。先来看一下她家装修之初的平面布局图，主要看儿童房的部分。

〈平面图〉

设计说明1

两个房间打通之后，在大儿童房一侧定制了上下床睡眠区（❶❷），大女儿一般睡上铺，偶尔也睡下铺。之所以这样设计，一来是大女儿喜欢，二来也方便以后二宝向这个房间过渡时，可以有姐姐陪伴，缓冲一下。

居住人画像

素素家原本是四室，房子比较大，三代人一同居住。除主卧和老人房之外，预留了两个儿童房。大女儿已经具备了独立睡觉的能力，小儿子刚满 2 岁，还需要几年才能离开父母的房间。如果按照原布局居住不做任何改变的话，那么很有可能会长时间闲置一间卧室。夫妻俩不想现在白白浪费空间，于是就有了平面图所显示的儿童房的样子：把两间房打通，两小间变成一大间。

设计说明2

大家注意到没有，这间大儿童房的门洞保留了原来的卧室门洞位置（❸❹），而不是合二为一，为的就是以后方便改回到两间儿童房。

设计说明3

其他区域分别设置了桌面区(❺)、绘本区(❻)，以及大面积的玩乐区(❼)。平时小朋友们聚在一起，大部分时间孩子们都是在这个区域追逐玩耍，大人们则在客厅喝茶聊天。

3160

2868

姐姐，把我的
飞机还给我。

< 合二为一后的
生活场景 >

227

接下来请看 4 年后的改造效果：

设计说明 4

从图上可以看出，只用两步就轻松实现"一间变回两间"的设计规划。**第一步，把原有睡眠区的下铺（❷）移到另一个儿童房。** 这里需要注意的是，原先定制的上下床，为了方便以后挪动，其中的下床是跟主体分离的。原有的桌面区（❺）充当床头背景，剩余部分未来可以做书桌，也可以作为阅读角使用。**第二步，把原来两间房打通的洞口用正反面的衣柜（❽）来封堵，一个用于大宝房，一个用于二宝房。**柜子的背面设计成黑板墙（❾），供孩子们随时涂鸦，这样就与原有墙面做到了无缝衔接。

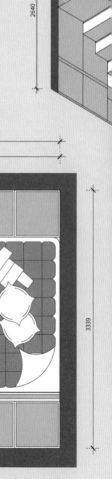

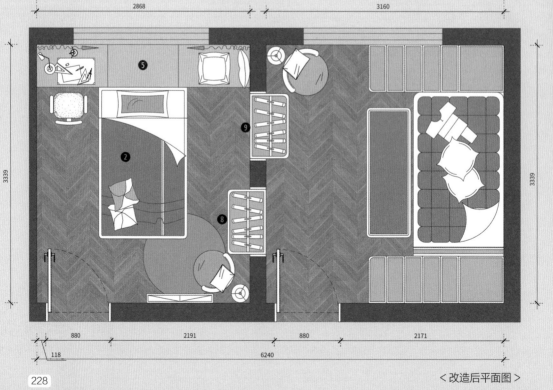

< 改造后平面图 >

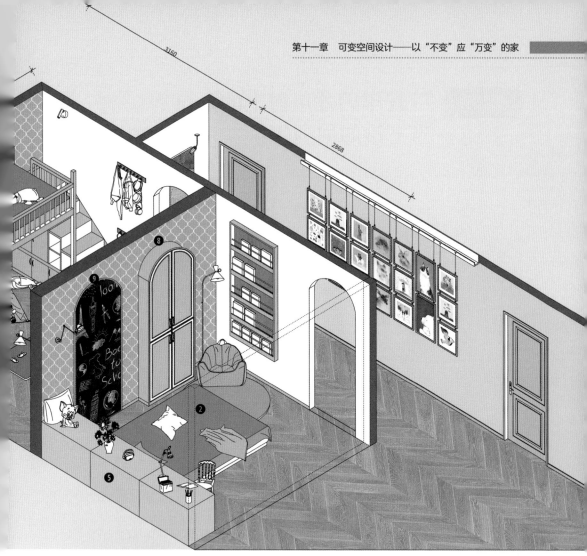

3160

2868

< 变回两间儿童房后的生活场景 >

小贴士

▶ 要想后期改起来简单，就需要初期规划时多动些心思。尤其是开关插座和电器设备等，在装修初期要依照未来改动的布局，在对应的位置上充分预留空间。

怎么样，后期改动起来是不是很简单？无需大拆大改，更不影响日常的工作和生活，也就需要等几天衣柜定制的时间，再加上半天的安装时间。大家看后有没有受到启发呢？

第二节　三五年后才用得上的儿童房，当下该如何利用？

下面看一个案例，看看这个家是怎么变化的。房子原布局如下。

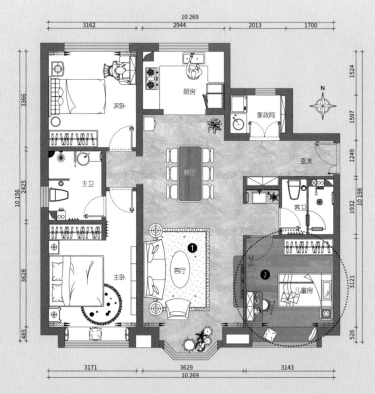

< 原始平面图 >

居住人画像

男主人尚斌和女主人乔莉也是一家四口，置换到现在的房子是为了应对以后的人口增加问题。现在的房子是三居室，刚装修时大女儿还不到 3 岁，夫妻俩打算再过几年要二孩。当时他们想的是：现在大女儿还不能独立睡一间房，等二宝出生后，也至少需要五年才能独立睡一间房。但总不能为了五六年以后的用处，就闲置现在的儿童房吧？

我们与乔莉一家经
过详细的计划和设计后，
得出了现在的空间布局。

设计说明 1

主要的改动在客厅（**❶**）和东南角的那间卧室
（**❷**）。在孩子们还小的时候，先把这间卧室
与客厅打通，使客厅变成一间宽大的横厅(**❸**)，
供一家人活动娱乐使用。北边的卧室在二宝
出生后，可作为奶奶带大宝睡觉的地方。

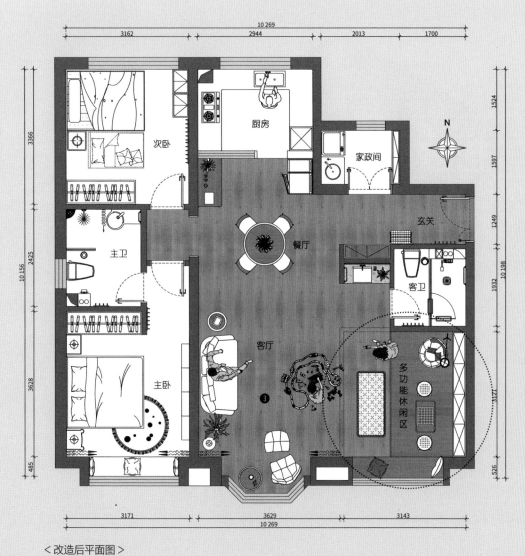

< 改造后平面图 >

设计说明 2

原有的卧室位置做
了一部分地台(❹),
实际上它以后还有
更重要的用途。

老婆，你来抱一下孩子，我去接个电话！

< 生活场景1>

3121

3143

3629

2640

④

妈妈，我来喽！

〈生活场景 2〉

设计说明 3
这些场景都是这一家
人平时在这个家庭活
动空间的生活日常。

3121

3143

3629

④

好的，我一会儿看看。

2640

老婆，来看看我
做的旅游攻略！

〈生活场景 3〉

那未来一旦有需要，该如何变回卧室呢？

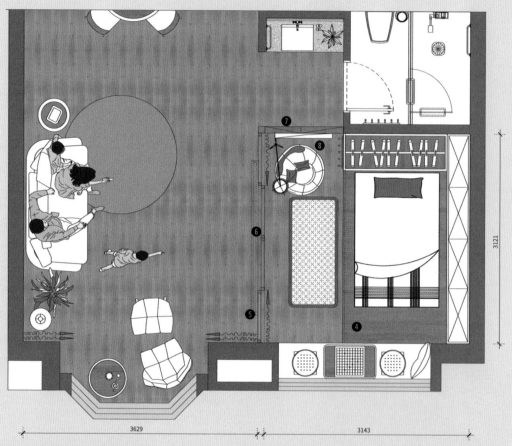

3121

3629　　　　　3143

< 变回卧室后的平面布局图 >

设计说明 4

我们在原有卧室和客厅之间加装了4扇
木质玻璃门（❺），两侧固定，中间两
扇可推拉，晚上睡觉时可以关上，平
时可以打开连通客厅。睡觉时若想要
保证私密性，可在卧室那侧加装窗帘。

设计说明 5

刚开始设计的地台（❹），一
来是为了储物，二来也是为
了以后放上床垫当床来使用。
地台上加装衣柜，用来收纳
过季被褥和孩子的衣物。

< 变回卧室后的生活场景 >

好啊。

贝们们，一会儿我
门一起看《侏罗纪
园》怎么样？

3121

2640

3143

1153

1153

2640

设计说明 6

移门顶部位置提
前预留了幕布
（6）位置，放下
幕布就可以观影。

设计说明 7

原有的门洞位置用正反面柜当作墙
体，朝着卫生间的那面设置成整面
的日常用品收纳柜（7），朝着卧
室这面作为绘本柜（8），一举两得。

　　这样，一个既有睡眠区，又有衣物收纳区，
还有书桌区、读书角的功能完备的儿童房就改
好了。这个案例同样也是没有大费周折就完成
了活动厅变儿童房的空间改造。

第三节　# 可藏可露的壁柜

　　在我设计或拜访过的家庭里，总有人巧用了一些"小心思"或者说"小机关"，有让人眼前一亮的感觉，也总有一些人的家里因为一些小细节而让人有一种莫名的感动。这些设计也许并没有多么与众不同或奢华昂贵，但却十分周全。

　　佳琪就是这样一位让我感动的女主人，我们一起来看看她的家，主要看客厅。

2530　　3621　　1500　　300　　1471　　350　　1260

❶

快快快，哥哥要超过你了！

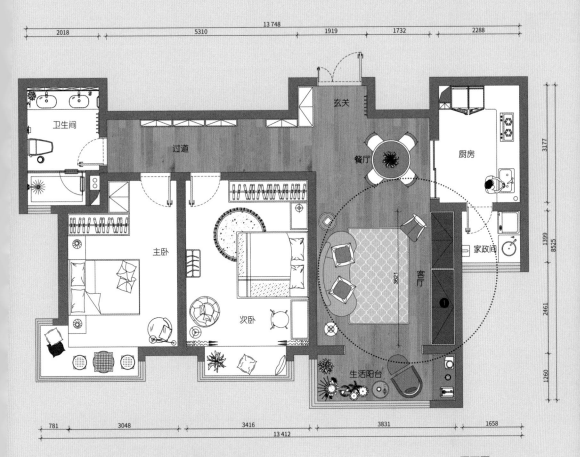

13 748

2018 | 5310 | 1919 | 1732 | 2288

3177

玄关

卫生间

过道

餐厅

厨房

8525

1399

主卧

客厅

3621

家政间

次卧

2461

生活阳台

1260

781 | 3048 | 3416 | 3831 | 1658

13 412

< 平面图 >

设计说明 1

这个常规的两居室户型似乎没有太大的特点，不过倒是有明显的优点和缺点。优点是家里所有的功能空间都是窗户朝南的，就是我们平常所说的"全阳户型"。缺点是门口附近有一条很长的过道，是很容易被浪费的空间。但按佳琪的话来说，哪有十全十美的事情，我特别喜欢这位姑娘的通透和洒脱。

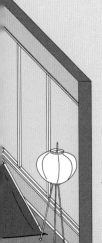

< 生活场景 >

237

设计说明 2

在客厅电视墙的位置做了通体柜（❶），增加了储物空间，除了看起来"空无一物"、比较干净整洁外，也看不出别的什么特点了。事实上，客厅的电视背景墙另藏玄机：所有人乍一看这里，都以为只是个超大储物柜，谁也没想到，里面藏着办公桌（❷）和阅读角（❸）。每当朋友夸赞时，佳琪都会谦虚地说："还不是因为我懒得收拾，才让设计师帮我想了这个办法！"

< 生活场景 >

报告终于快写好了……

宝贝，自己念一会儿，爸爸去趟卫生间！

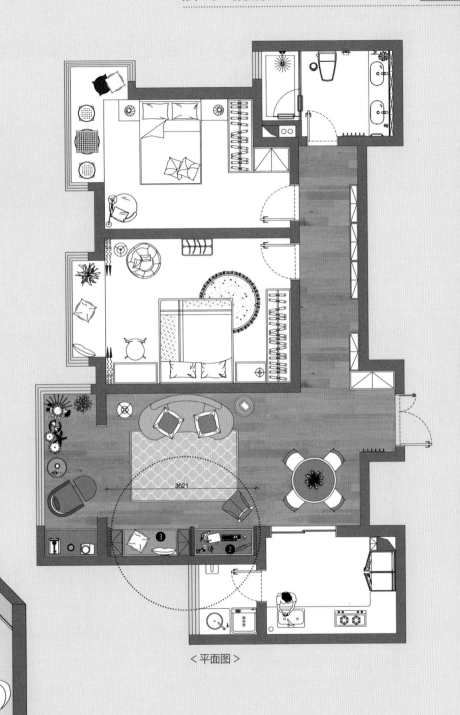

3621

❸

❷

<平面图>

第四节　把看似毫无用武之地的大面积空间变成实用空间

你家有没有那种看起来毫无用武之地的大面积空间呢？可能很多人会说："有啊，就是过道。"

没错，房子越大，过道往往越长，让人越不知道该如何利用，总感觉白白浪费了这里的空间。就像前面提到的素素家和佳琪家，都有长长的过道。

〈平面图〉

这样的长过道怎么利用才能令它对居住者的价值更大呢？我们还是以素素家为例，向大家推荐几种用法，大家可以根据需要灵活取用。

为了方便阅读，我们再次放上素素家的平面图，这次主要看过道部分。

设计说明 1

观察这个过道（❶），除了儿童房那侧没有连续的大面积墙面外，儿童房对面的墙面（❷）有将近 5 m 长。大家最先想到的装饰办法是不是采用挂画？就像下图所示那样。

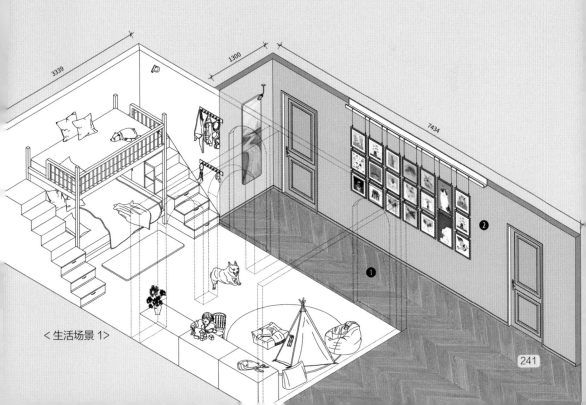

< 生活场景 1 >

当然，为了寻求变化，可以时不时更换挂画。但这种方式的作用更多的是在于装饰，没有达到以实际功能利用起来的目的。那么，如何把过道空间利用起来呢？

下面给大家展示案例中另外可用的两种形式，以作参考。

形式 1. 过道暂时作为孩子们的绘画天地

设计说明 2

依然可以提前预留好挂画轨道，以后方便变回展示墙（❸）。我们知道小孩子的喜好是分年龄段的，因此可以随着家庭成员喜好的变化而变换这里的功能。

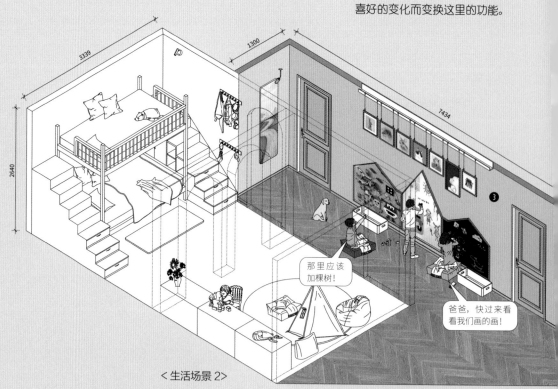

那里应该加棵树！

爸爸，快过来看看我们画的画！

<生活场景 2>

形式 2. 过道变为超薄隔板展示墙或配饰墙

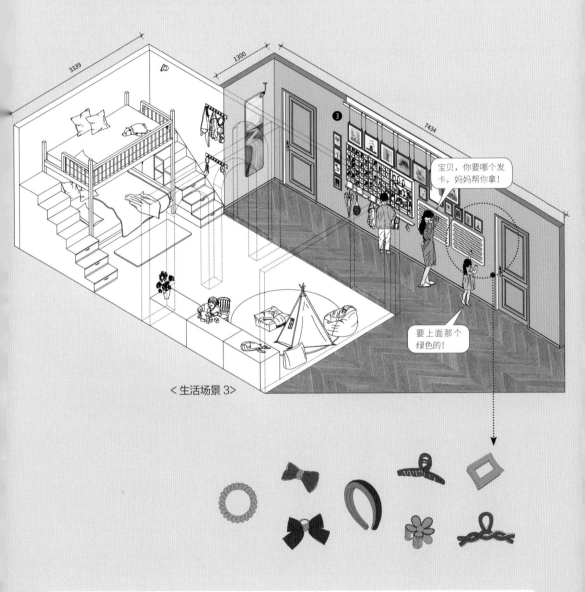

<生活场景3>

可变空间的设计就先分享到这里，大家还有什么好的建议，也欢迎与我们分享。

家是我们的根本，对于家的用心程度决定了我们生活的快乐程度。一个既好用又好玩儿的家，会让你无论身在哪里都想念它。相反，一个毫无互动又拥挤的家会让我们越住越腻。

希望大家都能拥有自己梦想中的实用且有趣的家。